WERKSTATTBÜCHER
FÜR BETRIEBSANGESTELLTE, KONSTRUKTEURE UND FACHARBEITER. HERAUSGEGEBEN VON DR.-ING. H. HAAKE, HAMBURG

Jedes Heft 50—70 Seiten stark, mit zahlreichen Textabbildungen

---

Die Werkstattbücher behandeln das Gesamtgebiet der Werkstattstechnik in kurzen selbständigen Einzeldarstellungen; anerkannte Fachleute und tüchtige Praktiker bieten hier das Beste aus ihrem Arbeitsfeld, um ihre Fachgenossen schnell und gründlich in die Betriebspraxis einzuführen.

Die Werkstattbücher stehen wissenschaftlich und betriebstechnisch auf der Höhe, sind dabei aber im besten Sinne gemeinverständlich, so daß alle im Betrieb und auch im Büro Tätigen, vom vorwärtsstrebenden Facharbeiter bis zum leitenden Ingenieur, Nutzen aus ihnen ziehen können.

Indem die Sammlung so den Einzelnen zu fördern sucht, wird sie dem Betrieb als Ganzem nutzen und damit auch der deutschen technischen Arbeit im Wettbewerb der Völker.

Einteilung der bisher erschienenen Hefte nach Fachgebieten

(Fortsetzung 3. Umschlagseite)

WERKSTATTBÜCHER

FÜR BETRIEBSANGESTELLTE, KONSTRUKTEURE UND FACH-
ARBEITER. HERAUSGEBER DR.-ING. H. HAAKE, HAMBURG
HEFT 76

Bittner – Klotz

Furniere – Sperrholz Schichtholz

Erster Teil

Technologische Eigenschaften;

Prüf- und Abnahmevorschriften; Meß-, Prüf- und Hilfsgeräte

Von

Joachim Bittner

Ingenieur

Zweite, verbesserte Auflage

(7. bis 12. Tausend)

Mit 96 Abbildungen

Springer-Verlag

Berlin / Göttingen / Heidelberg

1951

Inhaltsverzeichnis.

ISBN-13: 978-3-540-01593-2   e-ISBN-13: 978-3-642-99834-8
DOI: 10.1007/978-3-642-99834-8

Einleitung zur 2. Auflage[1].

Das vorliegende Heft gibt auch in der 2. Auflage eine Zusammenstellung der wichtigsten Untersuchungen, die auf dem Gebiet der Sperr- und Schichthölzer und der dazu gehörenden Bindemittel unternommen wurden, im Ausschnitt wieder. Weiterhin wurde sie ergänzt und erweitert, wie es der Fortschritt der letzten 10 Jahre bedingte. Da viele dieser Forschungsarbeiten weit zerstreut veröffentlicht wurden und zum Teil schwer oder gar nicht zugänglich sind, wurde versucht, den Fachgenossen der Werkstatt das Wesentlichste im Kurzstil mitzuteilen; ein am Schluß zusammengestelltes Schrifttumsverzeichnis dient dem, der sich eingehend mit dem Stoff beschäftigen möchte, als Wegweiser.

Wenngleich in Deutschland keine Luftfahrzeuge mehr gebaut werden, kann man nicht umhin, trotzdem über Flugzeugsperrhölzer zu sprechen. Auch wenn die Hölzer für diesen Zweck nicht mehr verwandt werden, ist doch die Bezeichnung eine internationale Qualitätsbezeichnung geworden, die sich jetzt schwer tilgen lassen dürfte. Diese Bezeichnung soll deshalb beibehalten sein, denn sie bringt zum Ausdruck, daß es sich um ein Sperrholz höchster Güte handelt, welches ebenso für andere Zwecke, wie Fahrzeug-, Schiffbau u. dgl., also überall dort, wo höchste Festigkeit und Beständigkeit gegen Feuchtigkeit, Schimmel, Bakterien usw. gefordert werden, Verwendung finden kann.

Fernerhin sei an dieser Stelle der Firma Bracia Konopacci, Mosty/Polen, für Überlassung von Versuchsergebnissen gedankt, die wesentlich auch schon in der ersten Auflage zur Bereicherung des Buches beitrugen.

Die wichtigsten Aufgaben und Schwierigkeiten bei der praktischen Herstellung der verschiedensten Arten von Furnier- und Sperrplatten werden im 2. Teil eingehend dargestellt[2].

Erwähnt sei noch, daß auf Sonderleime und Sonderleimverfahren wie z. B. Polystal, P 600 u. dgl. wie auch die Tego-Wiro-Methode hier absichtlich nicht eingegangen wurde, da sie für die Sperrholzindustrie weniger von Interesse sein dürften.

I. Sperrhölzer.

A. Allgemeines.

1. Furnier und Sperrholz in der Geschichte. Blättert man in der Geschichte der Furniere, so stellt man ihr erstes nachweisbares Auftauchen in der Blütezeit des alten Ägyptens fest. An Möbelstücken aus ältester Zeit wurden als verzierende Einlagen Elfenbein, Metalle, Steine usw., aber auch schon ausgesuchte Hölzer verwendet. Das Furnieren mit dem Ziel einer Bild- und Schmuckwirkung ohne Anwendung anderer Werkstoffe scheint erst um das 17. oder 18. Jahrhundert herum aufgekommen zu sein. Später wurden Furniere dann nicht allein zur Veredelung gerader Flächen angewandt, sondern in ausgedehnterem Maße dort, wo

---

[1] Die 1. Auflage ist 1939 erschienen.

[2] Werkstattbuch Heft 77: Furniere — Sperrholz — Schichtholz, 2. Teil: Aus der Praxis der Furnier- und Sperrholzherstellung.

bei geschweiften und unregelmäßigen Formen Schnittkanten in Erscheinung traten, die die Gesamtwirkung nachteilig beeinflußten.

Neben künstlerischen, schmückenden Absichten findet man wirtschaftliche Gesichtspunkte bei der Furnierherstellung nachweisbar erst gegen Mitte des 19. Jahrhunderts. Es erwies sich als zweckmäßig, an Stelle der vollen Schnittholzstärke seltener, schön gezeichneter und auch kostspieliger Hölzer dünne Blätter derselben in Verbindung mit Vollholz zu verwenden, um möglichst große, aufeinander abgestimmte Flächen, einheitliche Zeichnung (Maserung) und gleiche Färbung zu erhalten. Gleichzeitig wurde natürlich mehr und mehr die Verwendbarkeit der Furniere zu geschwungenen Formen ausgenutzt, wie Möbel aus dieser Zeit zur Genüge zeigen.

Die wissenschaftliche Erkenntnis vom Wert der Querverleimungen und der Verleimung von vielen dünnen Lagen übereinander zur Festigkeitserhöhung und Gütesteigerung scheint erst zu Beginn des 20. Jahrhunderts Allgemeingut geworden zu sein [14][1].

2. Das Wort „Furnier" ist ursprünglich vom deutschen Tätigkeitswort „furnieren" abgeleitet, wurde altfranzösisch ebenso geschrieben, später der neueren französischen Schreibweise und Aussprache angepaßt und erscheint dann als „fournir"; später taucht es in der dem Deutschen angepaßten Schreibweise als „Fournir" auf. Sucht man dieses Wort in einem älteren Konversationslexikon, so findet man verschiedene Schreibarten und auch Erklärungen, die dem Haupt- und Tätigkeitswort teilweise eine zweifelhafte und entwertende Deutung geben (z. B. Meyer Konversationslexikon der Jahre 1847 und 1875). Diese falsche Auffassung findet man heute wohl kaum noch, denn Furnierarbeit stellt keineswegs eine minderwertige Verarbeitung dar, nur muß natürlich auch hier — wie immer — der Baustoff zweckentsprechend angewandt werden. Man muß sogar feststellen, daß erst Furniere, die mit genau und sauber arbeitenden Maschinen hergestellt sind, es ermöglichen, gewisse seltene Maserungen, z. B. von Wurzelstöcken, Astknollen und -gabeln usw., voll zur Geltung zu bringen. Dieses ungewöhnliche, meist die schönsten Zeichnungen aufweisende Holz wäre, als Vollholz verarbeitet, unmöglich, weil es sich drehen und werfen würde. Ganz abgesehen hiervon erhalten unregelmäßig gezeichnete Furniere erst dann ihre schmückende Wirkung, wenn sie aus Stücken zusammengesetzt werden, die sich symmetrisch ergänzen, z. B. Kreuzfuge, sternförmig zusammengesetzte Furniere für runde Tischplatten usw.

Somit sind heute Furniere und Sperrhölzer die eigentlichen Grundlagen unserer Holzindustrie, denn die Erzeugung hochwertiger Möbel, Inneneinrichtungen und vor allem auch technischer Bauteile und Gegenstände wäre ohne sie undenkbar.

3. Das Wort „Sperrholz" begrifflich festzulegen, ist nicht leicht, um so mehr deshalb, weil dieser Ausdruck vielfach angewandt wird und manchmal gerade da, wo er irreführend wirkt. Das schwedische Wort dafür „Kryssfaner" (gekreuzte Furniere) erklärt deutlicher, um was es sich handelt. Vom technischen Standpunkte aus kann man sagen:

„Sperrholz ist eine Verbindung einzelner Holzelemente (Furniere, teilweise für Mittellagen auch Massivholz) durch Verleimung in der Art, daß sie die durch Witterungseinflüsse bedingten Längenänderungen der unverleimten Elemente verhindern; dadurch ‚sperren' die Elemente gegenseitig die Auslösung der Spannungen ab, die infolge Quellen oder Schrumpfen auftreten."

4. Ursachen der Sperrholzüberlegenheit. Es ist zwar nicht Zweck dieser Abhandlung, für das Sperrholz zu werben, jedoch sei nicht versäumt, auf seine nicht

---

[1] Die Zahlen in eckigen Klammern beziehen sich auf das Schrifttum am Schluß dieses Heftes.

wegzuleugnenden Vorteile gegenüber Massivholz einzugehen, wobei wiederum bemerkt wird, daß jede Holzart eine zweckentsprechende Verwendung finden muß.

a) In Vollholz unausgeglichene innere S p a n n u n g e n werden durch richtige Verleimung (Absperrung) mit gezeichneten und einfachen Furnieren in zwei oder mehr Lagen ausgeglichen oder im Ausgleich gehalten (z. B. Stäbchenplatten).

b) Für geschweifte oder unregelmäßige Teile, wie Theater- und Kinositze, Flügelrahmen, Fässer usw. können dünne Furniere in jeder gewünschten F o r m miteinander unter Druck ohne große Nacharbeit zum Fertigstück verarbeitet werden.

c) Die Holzfestigkeit wird durch Unterteilung in verschiedene Einzellagen erhöht (vergütetes Holz), besonders dann, wenn diese Lagen um je 90 Grad zueinander versetzt sind. So ist z. B. die Zugfestigkeit eines aus fünf Furnierlagen von je 1,2 mm Stärke aufgebauten Sperrholzes größer, als die eines gewöhnlichen Brettes von 25 mm Stärke, obwohl dieses Brett rund viermal so dick ist wie das erwähnte „gesperrte" Holz.

d) Kleineres G e w i c h t gegenüber Vollholz, aus dem die Außenfurniere bestehen, weil die Mittellagen aus einem Holz geringeren Raumgewichtes aufgebaut sein können.

e) Günstiges Verhältnis des R a u m g e w i c h t e s zur Z u g f e s t i g k e i t gegenüber anderen Werkstoffen (besonders bei Flugzeugplatten).

f) Gute Verformungsmöglichkeiten durch Biegen z. B. für Fahrzeugverkleidungen aller Art.

g) Möglichkeiten eines fast vollkommenen F e s t i g k e i t s a u s g l e i c h e s in der Platte (Sperrholz mit ausgeglichenen Festigkeiten, sog. Stern- oder Konstantplatten): Festigkeit in allen Richtungen der Platte annähernd gleich groß.

5. Technische Eignung und Verwendung von Furnieren und Sperrholz. Sperrholz ist für die verschiedensten Zwecke in der Technik bestens geeignet, nur muß auch wieder berücksichtigt werden, daß es kein Universalwerkstoff ist, obgleich dieses vielfach angenommen wird, und daß es auch verschiedene *Gütegrade* von Sperrhölzern gibt. Diese sind nicht nur durch verschiedenen Aufbau, sondern auch durch die Verleimung bedingt. Wie wir später noch sehen werden, gibt es hier die verschiedensten Klebstoffe, die teils wasser- und schimmelfest sind, teils aber mehr oder weniger leicht sich nach der Verleimung in Wasser lösen. Es wäre daher z. B. unsinnig — um ein krasses Beispiel zu nennen —, hochwertiges, filmverleimtes und somit wasser- und schimmelfestes Flugzeugsperrholz, welches als kräfteweiterleitender Baustoff gilt, für Verpackungszwecke zu verwenden. Sicher wäre es eine gute und wasserfeste, jedoch eine sehr teure Verpackung. Ein umgekehrter Fall wäre folgender: Es wäre unverantwortlich, wenn ein Flugzeugwerk aus blutverleimtem, wenig wasser- und schimmelfestem Verpackungssperrholz Flugzeuge bauen wollte.

Äußerlich mögen sich die beiden Arten von Sperrplatten wenig unterscheiden, die Furniere können dieselbe Güte haben, der Aufbau kann der gleiche sein, trotzdem wird jede Platte andere Eigenschaften haben, die eben durch die Verleimung bedingt sind.

Ganz allgemein kann festgestellt werden, daß außer dem Eisen wohl kaum einem Werkstoff eine derartig vielseitige Verwendung zufällt wie gerade dem „Sperrholz". Überall begegnen uns Furniere und Sperrholz: Möbel und Möbelteile, Decken- und Wandbekleidungen, Türen; verschiedenartige Behälter, wie z. B. Koffer, Hut- und Tortenschachteln, Schreibmaschinenkästen usw., werden aus ihnen gefertigt. Als leichtes und festes, zugleich auch billiges Verpackungsmittel in bezug auf Frachtspesen eignet es sich bestens für die Versendung von

Tee, Kaffee und Rohgummi. Man sieht es weiterhin vielfach im Baugewerbe für Verschalungen, bei Betonarbeiten und in der Reklameindustrie angewendet, nicht allein für Figuren oder Buchstaben, sondern für ganze Bauten auf Ausstellungen und dergleichen. Auch im Kunstgewerbe hat es Eingang gefunden. Selbst Abfälle von Sperrhölzern erscheinen heute buntbemalt als kleine Figuren. Radiogehäuse und Musikinstrumente werden vielfach aus Sperrholz hergestellt; kurzum, die Anwendung scheint geradezu unbegrenzt zu sein.

In der *Verkehrstechnik* wird das Sperrholz wegen seines mit hoher Festigkeit verbundenen geringen Gewichtes gern für kräfteweiterleitende und formgebende Bauteile verwendet. Es sei hier nur an den Waggon- und Karosseriebau, Schiffbau und Luftfahrzeugbau erinnert.

B. Aufbau und Eigenschaften von Sperrholz.

6. Aufbau von Sperrholz. Wir haben es hier nicht mit einem Baustoff zu tun, der vielleicht wie eine Metallegierung in einer beabsichtigten Zusammensetzung aus genau bekannten Grundstoffen hergestellt wird, sondern mit einem Werkstoff, der ungleichartig und zum überwiegenden Teil organischer Herkunft ist, da der Hauptbestandteil das gewachsene Holz ist. Dieser Ausgangsstoff, nämlich der Holzstamm, wird durch alle möglichen Wachstumsbedingungen wesentlich beeinflußt, so daß nie ein Stamm dem anderen gleichen kann. Ferner zeigt ein Baumstamm in sich selbst kein gleichmäßiges Gefüge; der Abstand der Jahresringe ist sehr verschieden: Da dieser Abstand in gewissem Sinne jedoch die Höhe der bei der Feuchtigkeitsaufnahme bzw. -abgabe entstehenden Neigung zum Schwinden oder Quellen beeinflußt, beim verarbeiteten Werkstoff also zu inneren Spannungen führt, so geht man beim Aufbau von Sperrholz in der Unterteilung des Grundstoffes so weit wie möglich. Man erreicht dadurch in den einzelnen Holzelementen einer Platte möglichst gleiche Spannungsverhältnisse. Im übrigen wird durch den Verlauf der Jahresringe in gewissem Sinne auch die Holzfestigkeit bestimmt.

Man muß sich vorstellen, daß das Holz lebt, und sei es noch so alt; es ist bekannt, daß uralte Möbel aus massivem Holz, wenn sie der Wechselwirkung von Temperatur und Luftfeuchte ausgesetzt sind, selbst nach Jahrhunderten noch reißen. Das sogenannte „getötete Holz", das auch teilweise mit dem Namen „vergütetes Holz" belegt wird, ist, wie wir noch sehen werden, im eigentlichen Sinne kein Holz mehr, sondern in diesem Falle in seinem Aufbau völlig verändert.

Betrachten wir einmal die in Abb. 1 bis 6 dargestellten Aufbaumöglichkeiten einer dreischichtigen Platte (bei fünfschichtigen liegen ähnliche Verhältnisse vor) so sehen wir sofort, warum eine Platte „stehen" kann oder auch nicht. Nicht allein die Unterteilung in möglichst dünne Furnierlagen sondern die Anordnungen derselben ist hier von ausschlaggebender Bedeutung. Ein Schälfurnier hat nun einmal das Bestreben die alte Form wieder anzunehmen die es im Stamme innehatte. Je stärker das Furnier ist, um so stärker ist auch dieses Bestreben, um so stärker sind nach erfolgter Verleimung auch die Spannungen, die zu Formänderungen in diesem Sinne führen müssen. Es ist ferner erklärlich, daß dieses Bestreben — nämlich sich in die alte runde Lage „um den Stamm herum" zu legen — um so stärker wird, je breiter das Furnier ist.

Beim Aufbau aus drei Furnieren ergeben sich Möglichkeiten, wie sie die Abb. 1 u. 2 zeigen. Werden derartig angeordnete Furniere miteinander verleimt, so ist anzunehmen (unter der Voraussetzung, daß das für die Außenlagen verwendete Holz demselben Stamm entnommen wurde), daß die eingangs erwähnten Spannungen in den Außenfurnieren sich ausgleichen; ein Gegenstück für das Mittelfurnier ist jedoch nicht vorhanden; somit kann es geschehen, daß eine derartige

Platte nicht steht. Will man jedoch einen Ausgleich erzielen, so kann man dies auf zwei Arten erreichen, nämlich wie es Abb. 3 zeigt, durch Anordnung einer gesägten oder gemesserten Mittellage, die jedoch selten in ausreichender Breite anfällt und daher meistens aus mehreren Stücken zusammengesetzt wird. Eine andere Möglichkeit zeigt die Abb. 4, und zwar baut sich hier die Mittellage aus zwei Einzelfurnieren mit gleichem Faserverlauf auf, die sich dann gegenseitig stützen (Nachteil gegenüber anderen Aufbauten: Zusätzliche Leimfläche und somit Verteuerung). Günstiger — gegenüber Abb. 1 u. 2 — liegen die Verhältnisse, wenn man nach Abb. 5 verfährt und die Mittellage aus schmalen Streifen von Schälfurnieren zusammensetzt. Sicher hat auch hier jeder Furnierstreifen das Bestreben, seine ursprüngliche Rundung wieder anzunehmen, jedoch liegt die Spannung, die diese Bewegung ausführen will, in einer Größenordnung, die geringer ist, und zwar entsprechend der geringeren Breite des Furniers. Auch die Gesamtspannung, die ein Verziehen der Platte herbeiführen will, ist geringer als die in Abb. 1 u. 2 dargestellte Anordnung. Es leuchtet ein, daß nur dann ein völliger Spannungsausgleich, auch der Außenfurniere, eintreten wird, wenn sie gleich stark,

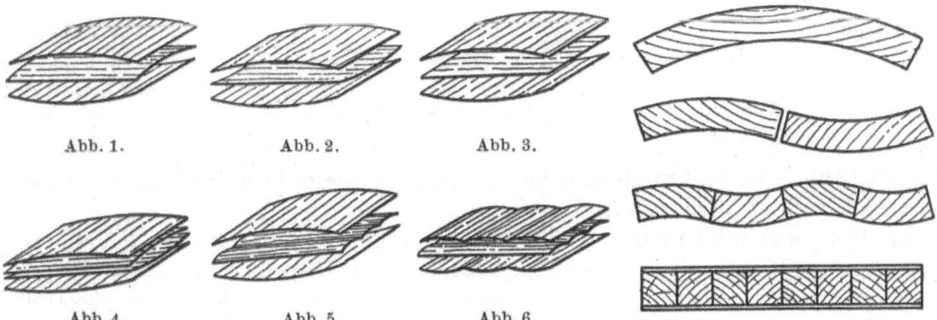

Abb. 1.   Abb. 2.   Abb. 3.

Abb. 4.   Abb. 5.   Abb. 6.

Abb. 1···6. Verschiedene Anordnungsmöglichkeiten von Furnieren beim Verleimen. (Werkst.-Techn. Bd. 22 [1928] Heft 11).

Abb. 7. Vergleich zwischen Vollholz und Tischlerplatte mit Schnittholzeinlage.

in ihrem Gefüge vollkommen gleich und vor allem aus möglichst demselben Durchmesser desselben Stammes geschält sind. Obwohl beim Sortieren der Furniere und beim Zusammenlegen vor der Verleimung weitgehend auf diese Gesichtspunkte Rücksicht genommen wird, so kann man dies praktisch natürlich nicht alles restlos durchführen, ohne die Fertigplatte wesentlich zu verteuern. Je geringer also die Biegungsspannungen im Schälfurnier sind, um so mehr Aussichten auf Standfähigkeit und Geradheit haben die Platten.

Genau wie eine Unterteilung der Mittellage eine Spannungsverringerung mit sich bringt, tritt eine Herabminderung der Spannungen auch bei *Unterteilung der Absperrfurniere* ein, die bei sauber ausgeführter Verleimung der Stoßfugen für handelsübliches und teilweise auch für Flugzeugsperrholz ganz unbedenklich ist. Man kommt so zu der in Abb. 6 schematisch gezeigten Anordnung. Gleichzeitig sei erwähnt, daß die so hergestellte Platte in vielen Fällen später noch beidseitig mit Edelfurnieren versehen wird und dann eine fünffache Sperrholzplatte ergibt.

Die Abb. 7 zeigt, daß die Bedingungen für die Herstellung von Sperrholz mit *Schnittholzeinlagen* ähnlich sind; man ist aus vorerwähnten Erwägungen heraus also auch hier gezwungen, eine möglichst weitgehende Unterteilung vorzunehmen.

7. Sperrholzarten. Es dürfte nicht verfehlt sein, an dieser Stelle die verschiedenen Sperrholzarten ganz allgemein zu erläutern, und zwar bezüglich ihres Aufbaues, während die Verleimung an anderer Stelle noch ausführlicher behandelt

werden soll (Abschn. 38 bis 43). Es sei nur kurz vorweggenommen, daß die Sperrholzindustrie hauptsächlich mit folgenden Bindemitteln [24] arbeitet:
1. Organische Leime:
   a) Tierblut (Gemisch aus Rinderblut, Wasser, Marmorkalk usw.).
   b) Kasein (Milcheiweißstoff).
   c) Gemisch aus a und b.
2. Anorganische Leime (vgl. Kap. II, B):
   a) Tego-Leimfilm (Bakelitfilm).
   b) Kaurit (flüssiges Kunstharz bzw. Kunstharzfilm).

Je nach dem Verwendungszweck der Platte ist dann zu einem der vorerwähnten Klebstoffe zu greifen. Im übrigen unterscheidet man folgende Sperrholzarten [1]:

a) Furnierplatten, auch „Schälplatten" genannt, sind aus drei oder
mehr aufeinandergelegten, geschälten oder gemesserten Furnieren verleimt, deren
Faserrichtung zueinander sich von Lage zu Lage im allgemeinen um 90° ändert.
Sie haben eine Dicke von 0,3 bis 15 mm, die dickeren heißen auch „Möbelplatten".

Die Zahl der Furnierlagen ist stets
ungerade; man unterscheidet somit
dreifach, fünffach,
siebenfach abgesperrte Furnier

Abb. 8. Dreifach verleimte
Furniersperrplatte.

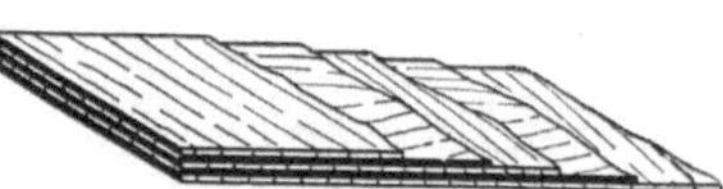

Abb. 9. Fünffach verleimte Furniersperrplatte
(auch Multiplexplatte genannt).

platten (Abb. 8 u. 9). Finden mehr als drei Furniere Verwendung, so spricht
man auch von *Multiplexplatten.*

b) Konstruktions- oder Tischlerplatten, auch „starke"
Platten genannt, enthalten unter den beiderseitigen Absperrfurnieren eine Mittel

lage, die aus Holzleisten, -stäbchen
oder -streifen aufgebaut ist [2]. Die fünffach verleimten
Platten weisen als
äußerste Furniere
oft bereits Edelhöl

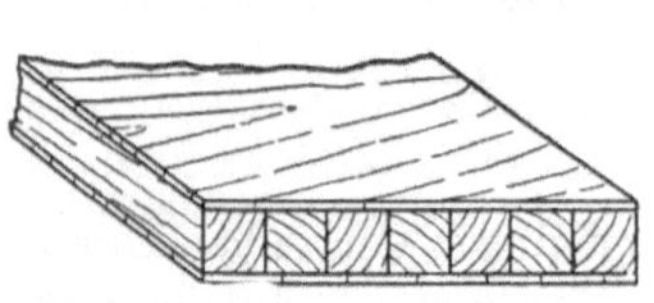

Abb. 10. Tischlerplatte (Mittellage aus
Brettern).

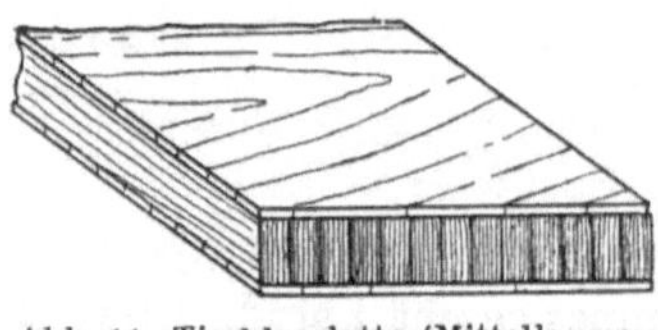

Abb. 11. Tischlerplatte (Mittellage aus
Furnieren).

zer (z. B. Eiche, Nußbaum, Esche usw.) auf. — Sie haben eine handelsübliche
Dicke von 10—45 mm. Die Leisten der Schnittholzmittellage, die meistens 13
bis 20 mm breit, selten breiter als 25 mm sind, werden so verleimt, daß ihre
Fasern parallel zueinander verlaufen (Abb. 10 u. 11). Bei Stäbchenplatten werden
zum Aufbau der Mittellage auch gern Furniere verwandt; diese Schälfurniere
haben den besonderen Vorteil, daß über den ganzen Querschnitt aufrechtstehende,
d. h. quer zur Platte stehende Jahresringe vorhanden sind; Spannungen als Folge
des Schwindens der Mittellage sind dadurch ausgeschlossen.

Es sei hier noch erwähnt, daß es gerade unter den starken Platten eine große
Anzahl von Ausführungsarten bezüglich der Mittellage gibt, die das Stehvermögen
der Platten verbessern sollen. Aus den Patentschriften sind eine Reihe von Vor

---

[1] Nachfolgende Erklärungen entsprechen den Handelsgebräuchen, die der Verband der
deutschen Sperrholzfabrikanten, Berlin, und der Verband der deutschen Sperrholzhändler,
Berlin, für den Inlandsverkehr aufgestellt haben.

[2] Im Anfang der Sperrholzherstellung hat man sich sogar mit Brettern als Einlagen begnügt, die man zwecks Beseitigung von Spannungen von beiden Seiten einsägte, ritzte, daher
„Ritzplatte", die Vorgängerin der „Leistenplatte". Näheres im 2. Teil.

schlägen bekannt, die dies durch besonders profilierte oder genutete Leisten der Mittellage (Abb. 12), durch Anordnung von Luftkanälen und durch eine nicht ganz durchgeführte Unterteilung der Mittellage bei Türen (Abb. 13) erreichen wollen. Es würde jedoch zu weit führen, auf alle diese Sonderausführungen einzugehen, da sie nicht mit besonderen Klassenbezeichnungen belegt werden können und somit meistens nur die Schutzmarke oder das Zeichen der Herstellerfirma tragen[1].

8. Holzarten und Festigkeitseigenschaften für Furnierplatten. In diesem Abschnitt wird lediglich über die Festigkeitseigenschaften von *Furnierplatten* berichtet, und zwar wurden die Untersuchungen an Schälplatten höchster Güteklasse vorgenommen, nämlich an kunstharzverleimten Flugzeugplatten. Betreffs Untersuchungen von Tischlerplatten, die bekanntlich als niedrig beanspruchte Bauelemente im Holzgewerbe Verwendung finden, sei auf das Fachschrifttum am Schluß des Heftes verwiesen.

Holzart, Plattenaufbau und *Verleimung* sind für die Festigkeitseigenschaften von Fahrzeug- und Flugzeugbauplatten bestimmend. Über den Zusammenhang zwischen dem mikroskopischen Aufbau des Holzes und seiner Festigkeit sind in der Schweiz Versuche angestellt worden [25]. Plattenaufbau und Verleimung werden später (Abschn. 19 bis 21 u. 23 b) behandelt, über die *Holzart* ist grundsätzlich folgendes zu sagen:

Am besten geeignet für hochbeanspruchte Platten ist *Birke* wegen ihrer hohen Festigkeit, guter Verleimungseigen-

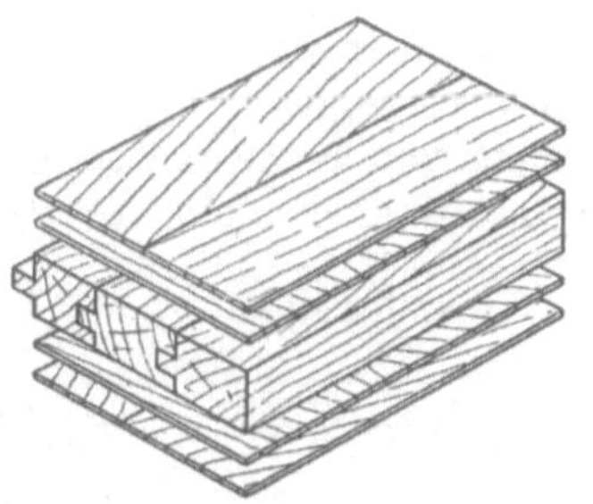

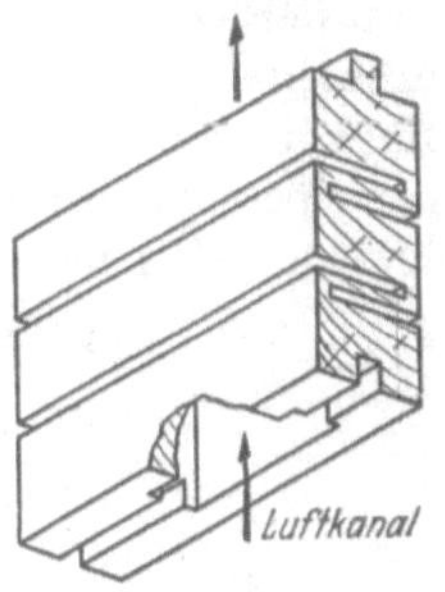

Abb. 12. Tischlerplatte mit genuteter Mittellage.

Abb. 13. Mittellage für furnierte Sperrholztüren.

schaften und ihrer — anderen Hölzern gegenüber — verhältnismäßig langen Faser. Sie ist also nicht so spröde und kurzbrüchig wie z. B. Erle und daher widerstandsfähiger gegenüber dynamischen, d. h. schlagartigen und schwellenden Beanspruchungen.

An zweiter Stelle steht *Rotbuche*, die hinsichtlich Raumgewicht und Festigkeit der Birke stark ähnelt, jedoch infolge ihrer starken Quell- und Schwindungsneigung anfänglich beim Verleimen große Schwierigkeiten bereitete; diese sind aber durch ein besonderes, von O. KRAEMER entwickeltes Leimverfahren behoben worden [5].

Erle, zwar, wie schon erwähnt, kurzfaseriger und infolgedessen dynamisch ungünstiger als Birke, erweist sich bei sachgemäßem Aufbau dem Birkensperrholz annähernd gleichwertig.

Pappel und *Linde* werden heute in Südeuropa vielfach verarbeitet, jedoch bereitet das Schälen hier gewisse Schwierigkeiten; auch liegen die Zugfestigkeiten niedriger als bei den vorerwähnten Hölzern.

Kiefer eignet sich wegen der großen Festigkeitsunterschiede zwischen Früh- und Spätholz weniger für die Herstellung dünner Furniere und wurde von deutscher Seite nur versuchsweise während des ersten Weltkrieges verwandt. Heute kann ihr kaum eine Bedeutung für hochbeanspruchte Platten zugestanden werden.

Zur Beurteilung von Sperrholz bestimmt man folgende Festigkeiten:

---

[1] Die Herstellung der für die Praxis wichtigsten Sperrplatten wird im 2. Teil ausführlich beschrieben.

a) Die Zugfestigkeit muß an erster Stelle erwähnt werden (vgl. Abschn. 23i). Sie ist einfach zu ermitteln, stellt für den Konstrukteur eine wichtige Unterlage dar und eignet sich besonders gut für die Sperrholzbeurteilung. Wie Untersuchungen von O. Kraemer zeigen [1, 5], ändert sich die Festigkeit der Sperrhölzer nahezu gesetzmäßig mit dem Dickenverhältnis der Längs- und Querlagen (vgl. Abb. 23, Abschn. 19). Ferner wurde festgestellt, daß die Querfestigkeit mit steigendem Dickenverhältnis quer zu längs nahezu geradlinig zunimmt und die Längsfestigkeit ebenso gleichmäßig abnimmt, so daß die Summe von Längs- und Querfestigkeit bei allen Sperrholzplatten derselben Furnierdicke und Verleimung nahezu gleich ist.

Aus dieser Erkenntnis heraus findet die Summe der Zugfestigkeit längs und quer zur äußeren Faserrichtung auch als Vergleichsmaßstab für die Beurteilung der Festigkeitseigenschaften verschieden aufgebauter Flugzeugsperrplatten in den „Bauvorschriften für Flugzeuge" Anwendung (s. auch Vorschriften des Germ. Lloyd, Abschn. 23).

Unter Annahme einer Furniermindestfestigkeit von 1200 kg/cm² (Birke) und unter Berücksichtigung eines Verfestigungsfaktors (rd. 1,5), der vom Einfluß der Durchleimung der Furniere abhängig ist und mit abnehmender Furnierdicke zunimmt, lassen sich die Mindestzugfestigkeiten in den zwei Hauptfaserrichtungen einer Sperrplatte nach einer von Kraemer gefundenen einfachen Beziehung wie folgt für jeden beliebigen Aufbau berechnen:

$$\text{Längsfestigkeit } \sigma_l = \frac{d_l}{d_l + d_q} \cdot x$$

$$\text{Querfestigkeit } \sigma_q = \frac{d_q}{d_q + d_l} \cdot x .$$

Dazu sind:

$$x = \text{Furnierlängsfestigkeit,}$$
$$d_l = \text{Gesamtdicke der Längsfurniere,}$$
$$d_q = \text{Gesamtdicke der Querfurniere.}$$

Zugversuche an unverleimten Furnieren mit gestörtem Faserverlauf, Verwachsungen usw., wie auch Untersuchungen über den Einfluß des Winkels zwischen Kraft- und Faserrichtung auf die Furnierfestigkeit (Abb. 28) zeigen, wie wichtig gerade der Zugversuch für die Beurteilung ist. Tabelle 1 gibt eine Auslese verschiedener veröffentlichter Werte wieder. Im übrigen sei auf das angegebene Schrifttum und auf die im Abschn. 19 wiedergegebenen Untersuchungen hingewiesen.

b) Druck- und Knickfestigkeit. Eine reine Druckbeanspruchung in Längsrichtung der Sperrholzplatten kommt praktisch kaum in Frage; sie würde ohnedies bei dünnen Platten schon bei geringen Längen in eine Knickbeanspruchung übergehen. Es lassen sich allerdings aus stärkeren Platten kleine Quader schneiden, die dann auf Druck untersucht werden können; vielfach werden auch Platten aufeinandergeleimt und dann zu Druckwürfeln verarbeitet. Werden solche Versuchsstücke diagonal, also unter 45° zur Außenfurnierfaserrichtung beansprucht, so werden rund 75 % der Druckfestigkeit längs und quer erreicht. Aufbau, Bindemittel und Durchleimungsgrad sind hierbei bestimmend (Abschn. 19).

Infolge ihres größeren Widerstandsmomentes besitzen Trägerkonstruktionen mit T-, U- und Kastenprofil aus Sperrholz gegenüber gleich schweren Vollholzträgern wesentlich höhere Knickfestigkeit. Derartige, nach einem besonderen Verfahren hergestellte Träger wurden beispielsweise während des ersten Weltkrieges zum Aufbau der Schütte-Lanzschen Luftschiffsgerüste verwendet.

Tabelle 1. Druck-, Zug- und Biegefestigkeit von Sperrholz.

Holzart	Plattenaufbau	Plattendicke mm	Probenentnahme	Druckfestigkeit kg/cm²	Zugfestigkeit kg/cm²	Biegefestigkeit kg cm² $\parallel$	Biegefestigkeit kg cm² $\perp$	Beobachter
Nadelhölzer:								
Douglasie (Pseudotsuga taxifolia)	3fach	2,5—12,7	längs quer		435 275			U.S.F.P.L.[1]
Kiefer $r = 0,6$	3fach	1,2	längs quer		580 350			O. Kraemer
Weymouthskiefer (Pinus strobus)	3fach	2,5—12,7	längs quer		402 235			U.S.F.P.L.
Laubhölzer:								
Birke (Betula verrucosa)	3fach 1:1,25:1	3,2	längs quer diagonal		1031 829 304			O. Kraemer
$r = 0,72$ (Raumgewicht [2]) $r = 0,75$	5fach $\delta_l:\delta_q=3,9:2,6$	6,2	längs quer diagonal		850 835 274	875 775 280	1070 615 238	
	7fach $\delta_l:\delta_q=4,6:3,9$	8,0	längs quer diagonal	371 375 290	950 637 277	800 710 311	940 675 326	
$r = 0,72$	9fach $\delta_l:\delta_q=5,0:5,2$	9,75	längs quer diagonal	375 373 250	755 774 284	726 868 384	857 768 ·359	
Buche (Fagus silvatica)	3fach	1,3	längs quer		740 660			O. Kraemer
	3fach	2,5—12,7	längs quer		913 512			U.S.F.P.L.
Erle (Alnus glutinosa $r = 0,52$	3fach 1,0:1,2:1,0	3,2	längs quer		469 222			R. Baumann
$r = 0,55$	3fach	1,7	längs quer		644 603			O. Kraemer
Esche (Fraxinus excelsior)	3fach	2,5—12,7	längs quer		457 306			U.S.F.P.L.
Gaboon (Aucoumea klaineana)	3fach 1,5:3:1,5	6	längs quer	(K[3]: 186)	365 380			G. Christians
	3fach 1,5:2:1,5	5	längs	322—435				R. Baumann
	5fach 2,3:4,05:3,2:4,05:2,3	16	längs	(K: 301)	375	481		G. Christians
Nußbaum (Juglans nigra)	3fach	2,5—12,7	längs quer		579 370			U.S.F.P.L.
Pappel	3fach 1:1:1	3,0	längs quer		576 390			R. Baumann

Für die Biegefestigkeit gilt bei Birke: $\parallel$ und $\perp$ zur Plattenebene.

---

[1] U.S.F.P.L. = United Statee Forest Products Laboratory. [2] r = Raumgewicht. Näheres siehe Kollmann „Technologie des Holzes", S. 35. [3] K = Knickfall.

c) Biegungsbeanspruchungen mutet man fertigen Sperrholzkonstruktionen kaum zu; deshalb kann hier von einer Besprechung von Biegungsuntersuchungen abgesehen werden (vgl. Prüfvorschriften, Abschn. 23).

d) Sonstige Festigkeitseigenschaften sind Schubfestigkeit, Biegeschwingungsfestigkeit, Härte und Bruchschlagarbeit. Über die beiden letztgenannten sind bisher nur ganz unvollkommene Ergebnisse bekannt geworden, so daß eine Wiedergabe hier nicht in Frage kommt.

Die Kenntnis der *Schubfestigkeit* [2] und *Schubsteifigkeit* des Sperrholzes bzw. sperrholzbeplankter Bauteile ist besonders für den Flugzeugkonstrukteur von großer Wichtigkeit. Bei der exakten Ermittlung der reinen Schubfestigkeit stößt man bei dünnen Sperrholzplatten jedoch infolge zu geringer Steifigkeit auf erhebliche Schwierigkeiten. Die Prüfung ganzer Bauteile ergibt keine befriedigenden Ergebnisse, weil bei Verwendung dünner, nicht ausgesteifter Platten frühzeitig Verformungen durch Ausbeulen und Wellenbildung auftreten; Versuchskörper mit Aussteifungen hingegen ergeben keine reinen Werkstoffkennziffern.

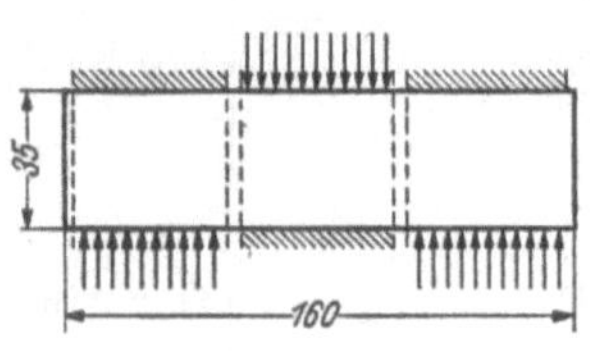

Abb. 14.
Scherversuch nach O. KRAEMER.

Als Vergleichswert ermittelt man daher vielfach die Schubfestigkeit des Sperrholzes an einem zweischnittigen Scherversuch nach Abb. 14. Wie KRAEMER fand, stimmen diese Versuchswerte an Sperrholzbauteilen in erster Annäherung mit der bei günstigster konstruktiver Ausbildung der Bauteile erreichbaren Schubfestigkeit überein. Die in Tabelle 2 wiedergegebenen Versuchsergebnisse zeigen, daß der Einfluß des Sperrholzaufbaues beim Schubversuch lange nicht so ausgeprägt in Erscheinung tritt wie beim Zugversuch. Der Unterschied zwischen der Schubfestigkeit längs und quer zur Faserrichtung beim Aufbau 1 : 1 : 1 be-

Tabelle 2. Schubversuche mit Sperrholz unter Anwendung verschiedener Probekörper (Kaseinverleimung). (Nach O. KRAEMER.)
Anmerkung: Feuchtigkeitsgehalt des Sperrholzes und der Furniere 8···10%.

Probenform	Sperrholz-dicke mm	Aufbau	Schub zur äußeren Faser-richtung	Schubfestigkeit kg/cm² Tiefst	Höchst	Mittel	Schub-modul kg/cm²	Zahl d. Vers.
Zweischnittiger Scherversuch nach Abb. 14	1,5—3,0	1:1:1	längs	180	225	200	9 000[1]	12
			quer	200	250	220		12
			diagonal	280	350	320	42 000	12
	1,5—4,8	1:2:1	längs	210	260	230	10 000[1]	15
			quer	200	250	220		15
			diagonal	304	420	370	45 000	15
	0,5—2,5	Furnier	längs	53	87	75	6 700[1]	12
			quer	111	133	120		3
			diagonal	69	86	77	4 200[1]	3
Schubkörper nach GABER (17)	9,8	9fach	längs	159	174	164	—	4
			quer	149	170	159	—	4
Quadratische Verdrehungs-probe	9,7	9fach	längs	156	159	157	3 770	3
	9,7		quer	154	167	161	4 680	3
			diagonal	163	167	165	4 920	3
Verdrehversuch an Rohren 45 mm Durchmesser	1,1	1:1:1	diagonal	150	190	170	40 000	3

[1] Versuchsergebnisse nach HERTEL [2].

trägt höchstens 20 v. H.; der ausgeglichene Aufbau ergibt hingegen eine in beiden Richtungen nahezu gleich große Schubfestigkeit usw. Bemerkenswert ist ferner, daß die Schubfestigkeit diagonal zur Faserrichtung beim ausgeglichenen Aufbau im Mittel 10 % höher ist als bei Sperrholzplatten aus drei gleich dicken Furnieren.

Die *Biegeschwingungsfestigkeit* von Birkensperrholz wurde in der Deutschen Versuchsanstalt für Luftfahrt (DVL.) auf einer Planbiegemaschine geprüft [15]. Längs der äußeren Faserrichtung betrug das Verhältnis der Biegeschwingungsfestigkeit σ_W zur Zugfestigkeit σ_B sowohl bei kasein-, als auch bei kunstharzverleimtem 3,2 bzw. 3,7 mm starkem Sperrholz 0,25 bis 0,26. Diagonal ergab sich trotz etwa gleicher Diagonalzugfestigkeit — eine überraschende Überlegenheit der Kunstharzverleimung mit $\dfrac{\sigma_W}{\sigma_B} = 0,52$ gegenüber 0,26 bei Kaseinverleimung.

9. Gewicht. Einleitend wurde bereits das günstige Verhältnis von Raumgewicht und Zugfestigkeit bei Schälplatten erwähnt. Auch bei Konstruktions- oder Tischlerplatten, also Platten mit Schnittholzeinlage, liegen die Verhältnisse bezüglich

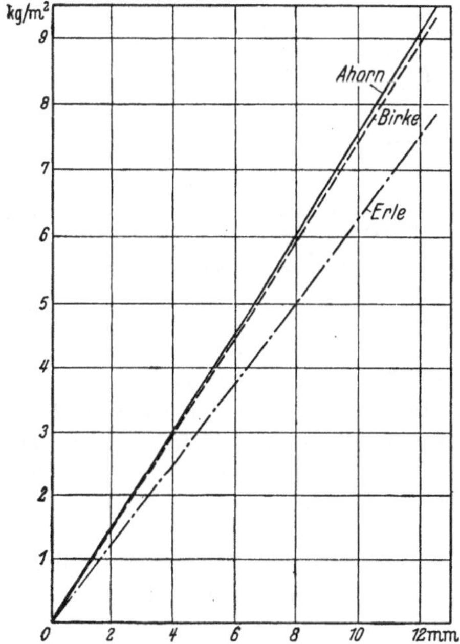

Abb. 15. Gewichte bakelitverleimter Sperrhölzer (Schälplatten) bei rd. 12% Holzfeuchte.

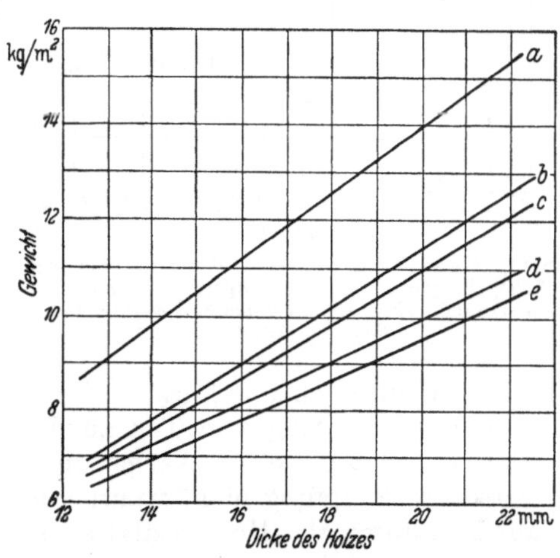

Abb. 16. Gewichte von Sperrplatten (Tischlerplatten). a = blockverleimte Mittellage aus Birke, Außenfurniere Birke; b = stäbchenverleimte Mittellage aus Erle, Außenfurniere: Kiefer; c = blockverleimte Mittellage aus Erle, Außenfurniere: Kiefer; d = stäbchenverleimte Mittellage aus Gaboon, Außenfurniere: Gaboon; e = blockverleimte Mittellage aus Gaboon, Außenfurniere: Fichte.

des Raumgewichtes nicht ungünstiger, denn infolge der Verwendung leichter Hölzer für die Schnittholzmittellage läßt es sich erreichen, daß die Platte meistens je Raumeinheit leichter ist als das Vollholz, mit dem die Mittellage furniert ist. Es gibt zwar Berechnungsverfahren, um das Einheitsgewicht von Platten zu bestimmen, aber sie sind sämtlich ungenau, weil man nicht alle Einflüsse voll berücksichtigen kann, wie z. B. Feuchtigkeitsgehalt, Holzverdichtung (siehe auch Abschn. 39 u. Abb. 83 u. 84) unter der Presse usw., dagegen kann man in einfacher Weise die Raumgewichte aus den in Abb. 15 u. 16 wiedergegebenen Schaubildern entnehmen, die auf Grund von Versuchen aufgezeichnet sind. Diese sind hinreichend genau und ergeben kaum größere Abweichungen als eine Gewichtsberechnung.

10. Wärme- und schalltechnische Eigenschaften [3]. Infolge der ausgedehnten Anwendung von Sperrholz für Wandbekleidungen u. dgl. spielt nicht allein die schmückende Wirkung, sondern auch die Wärmeleitzahl praktisch eine Rolle. Die Mittellagen der Platten werden meistens aus leichten Hölzern hergestellt, deren Poren sich durch den Schälvorgang noch vergrößern. Im übrigen aber verlassen die Platten die Fabrik gut ausgetrocknet und nehmen auch in den Räumen meistens keine Feuchtigkeit auf. Folglich kann man auf sehr *niedrige Wärmeleitzahlen* schließen.

Raumakustisch ist Holz infolge seines leichten Mitschwingens für einen verhältnismäßig großen Tonbereich wertvoll. Die Platte wird dadurch tonabgebend, sie verschönt und unterstützt den Ton. Die einmal erregten Schwingungen über-

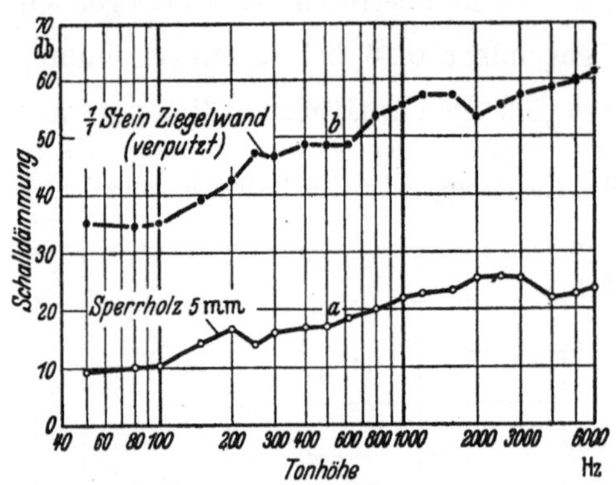

Abb. 17. Abhängigkeit der Schalldämmung von der Tonhöhe (Frequenz) bei einer Sperrholz- und einer Massivwand. *db* = decibel (amerik. Maßeinheit). (Nach E. Meyer.)

Abb. 18. Die Schalldämmung von 1-, 2-, 3-, 4- und 5fach-Sperrholzwänden (Gewicht je Wand = 2 kg/m², Abstand jeweils 3 cm, Grenzfrequenz = 480 Hz). *db* = decibel (amerik. Maßeinheit). (Nach E. Meyer.)

dauern — wenn auch nur kurz — den Ton, so daß sich ein gewisser, angenehm empfundener Übergang von Ton zu Ton ergibt. Die durch das Mitschwingen des Holzes verbrauchte, in Wärme umgesetzte Schallenergie ist für das Ohr als Verlust oder Dämpfung nicht wahrnehmbar, kürzt aber doch den Gesamtschallverlauf im Raume ab. Holz besitzt also auch viele Eigenschaften, die es zur Verwendung raumakustischer Aufgaben wertvoll erscheinen lassen. Die Abb. 17 u. 18 [3] geben ein Bild der Sperrholzeigenschaften in akustischer Hinsicht. Ausführlichere Unterlagen findet man im Schrifttum [3, 4].

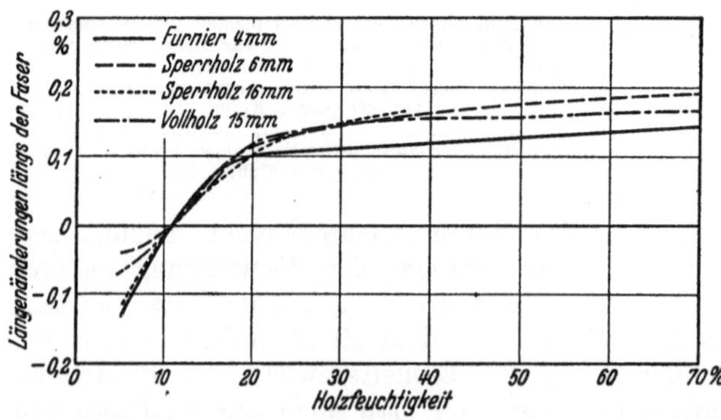

Abb. 19. Schwindung längs der Faser (in Prozent der Länge in lufttrockenem Zustand) für Gaboon. (Nach E. Gaber und G. Christians.)

11. Feuchtigkeitsaufnahme- und Quellungseigenschaften

wurden mehrfach untersucht; die wichtigsten Ergebnisse sind kurz folgende:

Für *ungeschützte* Sperrplatten gelten dieselben Gesetze wie für Vollholz, dessen Feuchtigkeitsgehalt sich nach der relativen Feuchtigkeit der umgebenden Luft richtet (Abb. 52). Infolgedessen rufen Feuchtigkeitsschwankungen der Luft bei diesem Sperrholz Maßänderungen hervor, die allerdings in Quer- und Längsrichtung durch die erfolgte Absperrung nahezu unterbunden sind; in der Dicke dagegen „arbeitet" eine Sperrholzplatte genau so wie gewöhnliches Schnittholz.

Versuche mit *Gaboonholz*, die von GABER und CHRISTIANS unternommen wurden, sind in den Abb. 19 u. 20 wiedergegeben. Ausgangspunkt, also Nullpunkt der Messungen waren stets die Plattenabmessungen bei Lufttrockenheit mit 11 % Wassergehalt. Man ersieht aus diesen Kurven, daß Vollholz und Furniere quer zur Faser in tangentialer Richtung im Durchschnitt etwa 20 bis 25mal stärker schwinden als in Faserrichtung. Weiterhin kann man den Abbildungen entnehmen, daß das praktisch besonders nachteilige Schwinden quer zur Faser beim Sperrholz auf 4 bis 8 % des Schwindens beim Vollholz herabgesetzt wurde. Man kann somit ganz allgemein sagen, daß das *Schwinden beim Sperrholz quer zur Faser gleich der Längsschwindung des Ausgangswerkstoffes* ist. Abb. 21 zeigt noch die Dickenänderungen; man sieht, daß der Kurvenverlauf für Sperrholz dem für Vollholz sehr ähnlich ist. Das ist weiter nicht erstaunlich, denn in Richtung der Plattendicke hat das Sperrholz ja keine Veredelung erfahren.

Von A. HERRMANN mit S. BÄCK und W. KÜCH unternommene Versuche zeigen, daß sich beispielsweise bei Feuchtlagerung von Gaboon-Tischlerplatten mit stäbchenverleimter Mittellage die geringsten *Dickenänderungen* der Platten bei einem ganz bestimmten *Dickenverhältnis* der Außenlagen zur Mittellage ergeben. Trotz starker Streuung und nicht eindeutigen Einflusses der relativen Luft-

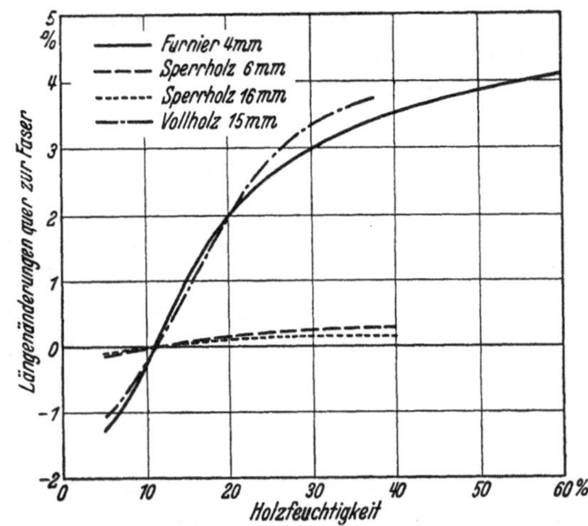

Abb. 20. Schwindung quer zur Faser (in Prozent der Breite in lufttrockenem Zustand) für Gaboon. (Nach E. GABER und C. CHRISTIANS.)

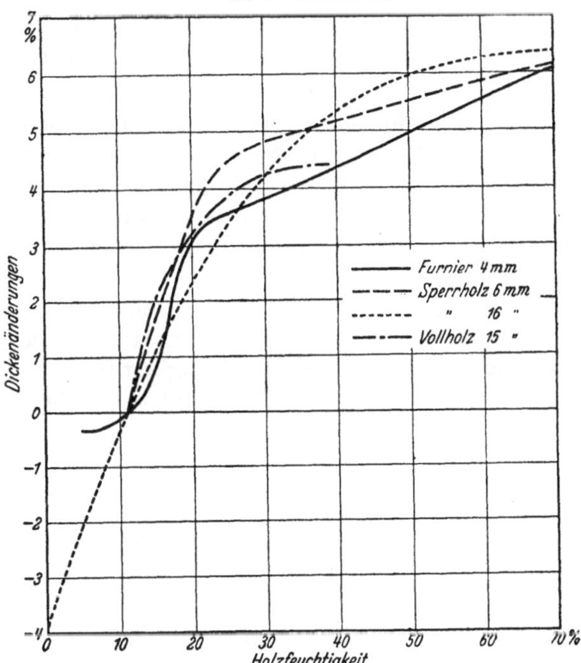

Abb. 21. Schwindung in Richtung der Plattendicke (radial zu den Jahrringen, in Prozent der Dicke in lufttrockenem Zustand) für Gaboon. (Nach E. GABER und G. CRISTIANS.)

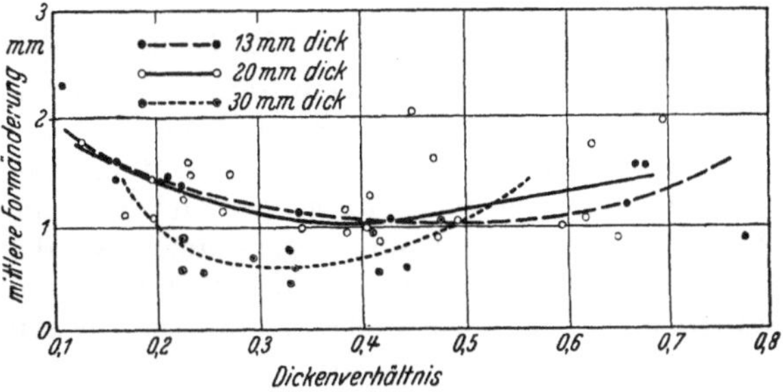

Abb. 22. Mittlere Formänderungen von stäbchenverleimten Gaboon-Tischlerplatten, in Abhängigkeit vom Dickenverhältnis der Außenlagen. (Nach A. HERRMANN, W. KÜCH und W. BÄCK.)

feuchte zeigt Abb. 22, daß bei den 13 mm starken Platten das günstigste Verhältnis bei 0,51 (also 2,2 mm starke Absperrfurniere), bei 20 mm Platten bei 0,4 und bei 30 mm Dicke bei 0,32 liegt.

C. Handelsübliche Sperrplatten.

Das in den vorhergegangenen Abschnitten Gesagte trifft für Handelsware zu; auch später wird noch manches behandelt werden, das sich ohne weiteres auf die handelsüblichen Sperrplatten übertragen läßt. Es erscheint jedoch wichtig, hier noch einiges über *Prüf- und Abnahmevorschriften* zu sagen, die sich unmittelbar an die im Abschn. 7 gemachten Angaben anschließen.

12. Die Abmessungen der Sperrplatten sind in DIN 4078 genormt: *Furnierplatten* (mindestens 3fach verleimte Furniere): 4 bis 15 mm dick, 915 bis 3050 mm lang, 1000 bis 1525 mm breit; *Tischlerplatten*: 13 bis 45 mm dick, 1525 bis 1830 mm lang, 3500 bis 5100 mm breit; Tischlerplatten *nach Möbelmaßen*: 19 bis 28 mm dick, bis zu 2000 mm breit. Zulässige Abweichungen für Längen- und Breitenmaße ± 5 mm.

13. Die Dicke der Absperrfurniere beträgt bei Tischlerplatten mit Nadelholzmittellagen (Fichte, Tanne und ev. auch Kiefer) durchweg etwa 3 mm, bei Mittellagen aus Pappel und ähnlichen Hölzern bis zu 20 mm Dicke meistens 2,5 mm, darüber 3 bis 4 mm. Als Normaldicken von Tischlerplatten gelten allgemein 13, 16, 19, 22, 25, 28, 32, 38 und 45 mm.

14. Dickenabweichungen sind bei Furnierplatten von 4 mm und bei Möbelplatten von 19, 22 und 25 mm Dicke $\pm 0,4$ mm, bei allen anderen $\pm 0,5$ mm statthaft.

15. Beschaffenheit. Ganz ähnlich wie bei den im nächsten Hauptabschnitt zu behandelnden Flugzeugplatten regeln auch hier gewisse Bestimmungen die Güte der Platten hinsichtlich Fugendichte, Ästen, rauhen Schälstellen, Pfropfen, Farbfehlern usw.

16. Wasserfestigkeit. Man unterscheidet:

a) w a s s e r f e s t e Verleimung, die nach 96stündigem Lagern unter Wasser noch eine *Naßfestigkeit* (Zerreißfestigkeit im noch nassen Zustande) von 15 kg/cm² als Mittelwert aus neun Proben ergibt. Hierbei darf keine Probe den Mittelwert um mehr als 25 % unterschreiten.

b) F e u c h t f e s t e Verleimung mit einer Trockenfestigkeit von mindestens 20 kg/cm² und einer Naßfestigkeit von 7,5 kg/cm², und zwar nach 48stündiger Lagerung unter Wasser.

Für *Tischlerplatten* liegen diese Leimwerte meistens um rd. 25 % niedriger. Ferner wären noch die sog. „*trockenfesten*" Platten zu nennen, die, wie schon die Bezeichnung andeutet, nur dann eine einwandfreie Haftung der verleimten Holzschichten gewährleisten, wenn sie *nicht* der Feuchtigkeit ausgesetzt sind.

17. Der Feuchtigkeitsgehalt abzunehmender Sperrplatten darf rd. 12 % betragen (vgl. Abschn. 23 h).

D. Luftfahrzeugbau-Sperrhölzer.

18. Allgemeines. Die Erkenntnis, daß Sperrholz sich infolge seiner günstigen Verhältnisse von Zugfestigkeit zu Raumgewicht und wegen seiner leichten Verarbeitungs- und Verbindungsmöglichkeiten ausgezeichnet für einen Leichtbau eignet, hat dazu geführt, daß gerade auf dem Gebiete der hochwertigsten Platten zahlreiche Untersuchungen vorgenommen wurden. Diese haben in erster Linie den Zweck, Aufbau, Holzauswahl und Verleimung immer mehr zu verbessern und dadurch nicht allein die Festigkeitswerte, sondern auch die Witterungsbeständigkeit zu steigern. Außerdem mußten die Eigenschaften dieses hochwertigen Baustoffes zahlenmäßig erfaßt werden als Unterlage für die Konstrukteure und Abnahmeingenieure. So hat sich im Laufe der Zeit ein sehr ausführliches Schrifttum angesammelt [5].

19. Die Normalplatte entsteht durch die übliche Furnieranordnung, bei der sich die Faserrichtung der aufeinanderfolgenden Furniere unter 90° kreuzt. Diese Platte wird am meisten verarbeitet. Sie kann — bedingt durch ihre ungerade Lagenzahl — nur in einer Richtung einen Festigkeitshöchstwert aufweisen (siehe Abb. 28); allerdings läßt sich dieser Übelstand durch einen entsprechend gewählten Aufbau (Abstimmen der Furnierstärken) beheben, so daß man bestenfalls annähernd gleiche Festigkeiten in Faserrichtung der Außenfurniere und quer dazu erreichen kann. Tabelle 3 enthält Angaben über eine Reihe von Versuchsplatten. Die eingetragenen Preßdrücke wurden bei Herstellung der Platten gemessen.

Bei einer wirtschaftlichen Fertigung spielen nach Abb. 83 und 84 (S. 44 u. 45) auch die Preßdrücke eine keineswegs untergeordnete Rolle, denn die Plattenstärke ist auch vom Preßdruck weitgehend beeinflußbar. Durch geschickte Wahl des Preßdruckes ist es somit möglich, die Platte schon in der Presse auf Sollstärke zu bringen und nicht erst auf der Schleifmaschine. Es gäbe ja auch die Möglichkeit, mit für alle Stärken gleichbleibenden Drücken zu arbeiten; diese Maßnahme würde allerdings noch eine feinere Abstufung der Furnierdicken erfordern, die nicht ohne Schwierigkeiten durchzuführen ist. Zusammenfassend kann also gesagt werden, daß für die endgültige Plattenstärke (betrachtet ohne Schleifprozeß) nicht allein die Stärke der Einzelfurniere, sondern auch der Preßdruck bestimmend ist, während

Tabelle 3. Plattenaufbau unter verschiedenen
Festigkeitsgesichtspunkten.

Platten-stärke	Festigkeit parallel zur Faser ergibt Höchstwert		Festigkeit parallel zur Faser gleich senkrecht zur Faser	
	Furniere	Preßdrücke	Furniere	Preßdrücke
mm	mm	kg/cm²	mm	kg/cm²
0,6	0,20 : 0,25 : 0,20	23	0,20 : 0,25 : 0,20	23
7	0,25 : 0,25 : 0,25	22	0,25 : 0,35 : 0,25	24
8	0,30 : 0,30 : 0,30	24	0,25 : 0,35 : 0,25	22
9	0,30 : 0,35 : 0,30	18	0,25 : 0,45 : 0,25	18
1,0	0,35 : 0,40 : 0,35	24	0,30 : 0,50 : 0,30	24
1	0,40 : 0,40 : 0,40	24	0,35 : 0,50 : 0,35	24
2	0,45 : 0,45 : 0,45	24	0,35 : 0,60 : 0,35	23
3	0,45 : 0,50 : 0,45	22	0,40 : 0,65 : 0,40	24
4	0,50 : 0,50 : 0,50	22	0,40 : 0,70 : 0,40	22
5	0,55 : 0,55 : 0,55	24	0,45 : 0,75 : 0,45	24
6	0,60 : 0,60 : 0,60	24	0,45 : 0,85 : 0,45	22
7	0,60 : 0,65 : 0,60	22	0,50 : 0,90 : 0,50	24
8	0,65 : 0,65 : 0,65	22	0,50 : 0,95 : 0,50	22
9	0,70 : 0,70 : 0,70	24	0,55 : 1,00 : 0,55	24
2,0	0,70 : 0,75 : 0,70	24	0,55 : 1,10 : 0,55	24
1	0,75 : 0,75 : 0,75	20	0,60 : 1,15 : 0,60	24
2	0,80 : 0,80 : 0,80	23	0,60 : 1,20 : 0,60	23
3	0,85 : 0,85 : 0,85	24	0,65 : 1,25 : 0,65	24
4	0,90 : 0,90 : 0,90	24	0,65 : 1,30 : 0,65	22
5	0,90 : 0,95 : 0,90	24	0,70 : 1,35 : 0,70	24
6	0,95 : 0,95 : 0,95	23	0,70 : 1,45 : 0,70	23
7	1,00 : 1,00 : 1,00	24	0,75 : 1,50 : 0,75	24
8	1,00 : 1,05 : 1,00	22	0,75 : 1,55 : 0,75	22
9	1,05 : 1,05 : 1,05	22	0,80 : 1,60 : 0,80	23
3,0	1,10 : 1,10 : 1,10	24	0,80 : 1,65 : 0,80	22

das Verhältnis von Längs- zu Querfestigkeit nur von der Furnierstärkeauswahl abhängt.

Diese Überlegungen gelten für Normal- und Diagonalplatten. Bei Betrachtung der Konstantplatten ist eine weitere Größe in die Rechnung einzusetzen, nämlich der Winkel, den die Faserrichtungen benachbarter Lagen miteinander bilden. Welchen Einfluß dies auf die Fertigplatte ausübt, zeigt Abb. 28.

Das in Abb. 23 dargestellte Schaubild zeigt klar und deutlich die sich ergebenden Möglichkeiten und den verfestigenden Einfluß des Leimes (vgl. Abschn. 8 unter a). Es gibt die Zusammenfassung umfangreicher Versuche wieder, die über Furniereigenschaften und verfestigende

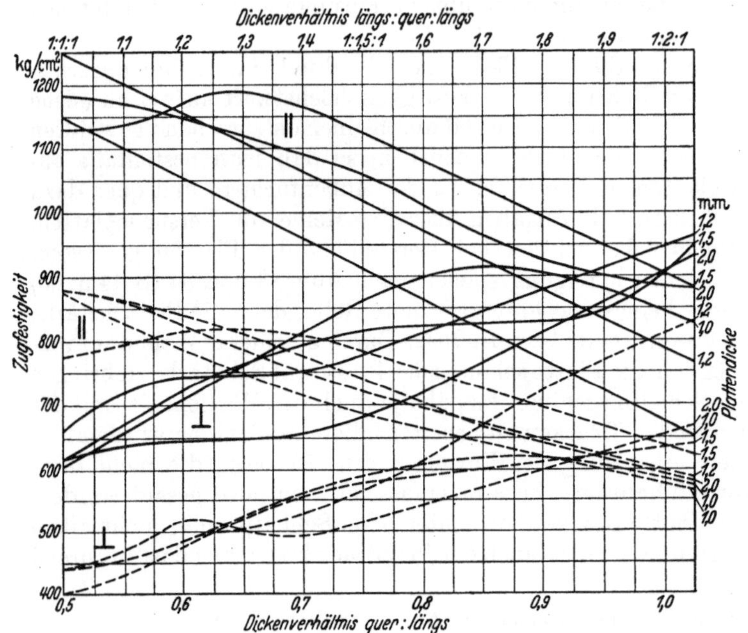

Abb. 23. Zugfestigkeit von unverleimten Furnieren (----) und Birkensperrholz (——) (dreifach, filmverleimt) in Abhängigkeit vom Dickenverhältnis der Längs- und Querfurniere.

Wirkungen des Tego-Leimfilms (Abschn. 39) vom Verfasser unternommen wurden. Im übrigen deckt es sich in gewissem Sinne mit den Untersuchungen von O. KRAE-MER [5]. Weiteren Aufschluß über den Einfluß des Aufbaues ergeben die Schaubilder in den Abb. 24 bis 27.

Man erkennt, daß die Festigkeit der Fertigplatte schon allein durch das Verhältnis der einzelnen Furnierstärken zueinander beeinflußt wird. Vergleicht man ferner in Abb. 23 die Kurven der Platten im unverleimten mit denen im verleimten Zustande, so ergibt sich, daß der

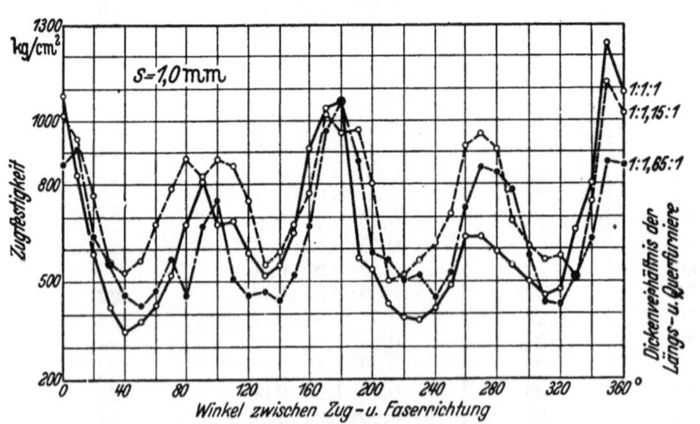

Abb. 24. Abhängigkeit der Zugfestigkeit vom Plattenaufbau für Flugzeugsperrholz (Birke, filmverleimt). Plattendicke $s = 1$ mm.

Verfestigungsfaktor, bestimmt durch Stärke der Einzelfurniere, Bindemittel und Preßdruck, nicht einfach zu vernachlässigen, jedoch auch nicht zu überschätzen ist.

Tabelle 4. Festigkeit von Buchensperrholz im Vergleich zu Birkensperrholz. Aufbau des Sperrholzes: Kreuzweise. — Bindemittel: Tegofilm.

		Sperrholz-dicke mm	Buchensperrholz		Birken-sperrholz 3fach
			3fach	5fach	
Zugfestigkeit, längs und quer	kg/cm²	0,8	1887	—	1877
		1,2	1585	1919	1917
		1,5	1504	1820	1854
		2,0	1499	1964	1722
Zugfestigkeit, diagonal	kg/cm²	0,8	520	—	469
		1,2	393	466	387
		1,5	332	525	324
		2,0	314	464	400
Summe der Reißlängen	km	0,8	28,3	—	27,1
		1,2	24,9	30,8	—
		1,5	23,2	26,1	26,7
		2,0	24,7	29,0	26,1
E-Modul, längs			121 000	118 000	128 000
quer	kg/cm²		62 750	72 000	71 000
diagonal		1,2	37 250	36 500	29 000
Scherfestigkeit, längs			233	295	215
quer	kg/cm²		283	312	230
diagonal		1,2	485	591	345
Bindefestigkeit der Leimfuge, trocken	kg/cm²	1,2	56	—	49
naß (48ʰ)			44	—	40
Biegefähigkeit. Vielfaches des Bruchhalbmessers von der Probendicke längs	kg/cm²	1,2	20—38	31—39	11—42
quer			9—15	16—23	—
Feuchtigkeitsgehalt (Biegeversuche)	%		—	6—8	6—8	10

Abschließend enthält Tabelle 4 einige vergleichende Zahlenangaben für Buchen- und Birkensperrholz nach Küch [29].

20. Die Diagonalplatte unterscheidet sich in ihrem Aufbau grundsätzlich nicht von der Normalplatte. Bei ihr sind lediglich alle Lagen um 45° zur Außenkante verdreht, so daß also die Faserrichtung der Decklagen zu den Außenkanten „diagonal" verläuft. Diese Platte ergibt bei bestimmter Verwendung im Flugzeugbau eine bessere Stoffausnutzung, ist jedoch in der Herstellung wegen der Abfallecken teurer.

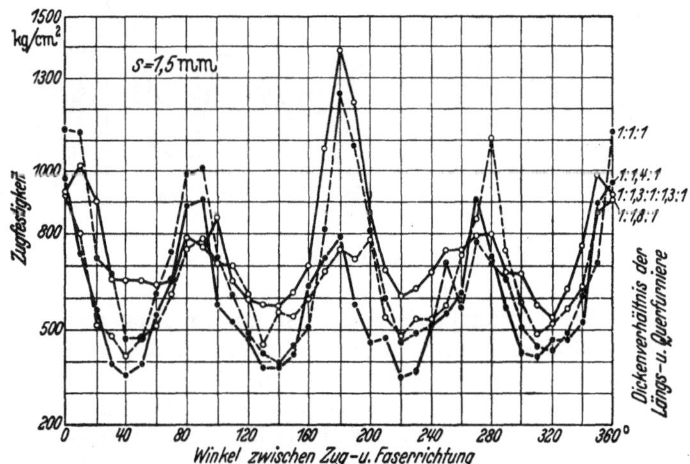

Abb. 25. Vgl. Abb. 24. Plattendicke = s 1,5 mm.

21. Platten mit ausgeglichener Festigkeit, auch „Konstant- oder Sternplatten" genannt, besitzen, unter beliebigen Winkeln beansprucht, annähernd die gleiche Festigkeit. Das ergibt für die verarbeitende Industrie den Vorteil größter Ausnutzung, weil man die Platte infolge dieser Gleichartigkeit und somit Unabhängigkeit von der Faserrichtung fast wie Blech verarbeiten kann. Außerdem kann man auch die kleinsten Abfälle davon restlos ausnutzen; allerdings ist diese Platte wegen der Schwierigkeiten und Abfälle bei der Herstellung die teuerste.

Zur Erläuterung des *Aufbaues* einer solchen Sperrplatte sollen die Abb. 24 bis 27 und dann 28 u. 29 dienen. Abb. 28 ist mit Polarkoordinaten gezeichnet, d. h. die Festigkeiten wurden vom Nullpunkt des Achsenkreuzes aus jeweils unter demjenigen Winkel, unter welchem der Zerreißstab aus der Platte herausgeschnitten war, als Strahl in maßstäblicher Größe aufgetragen. Vergleicht man die Abb. 24 bis 27 und 28 u. 29 miteinander, so erhellt, daß mit Schaffung dieser Platte ein wesentlicher Fortschritt gemacht wurde. Aus diesen Schaubildern geht außerdem hervor, daß man es in der Hand hat, die Eigenschaften einer Platte zu beeinflussen. Auch das Bruchaussehen von Probestäben zeigt die Verbesserung des Werkstoffes gegenüber der Normalplatte (Abb. 30 u. 31).

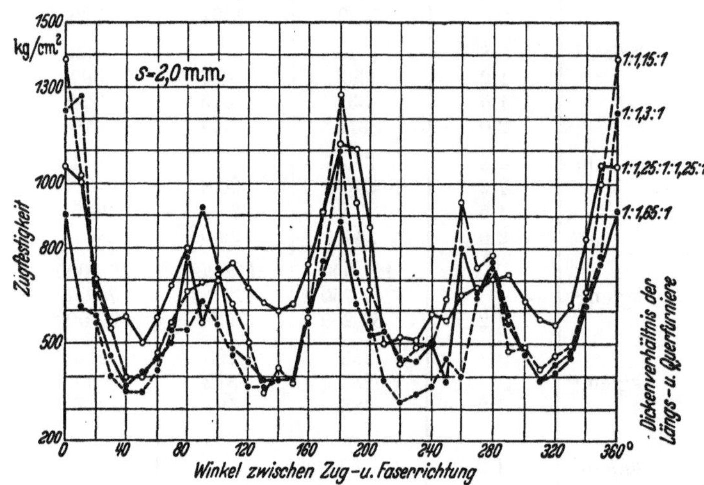

Abb. 26. Vgl. Abb. 24. Plattendicke *s* = 2 mm.

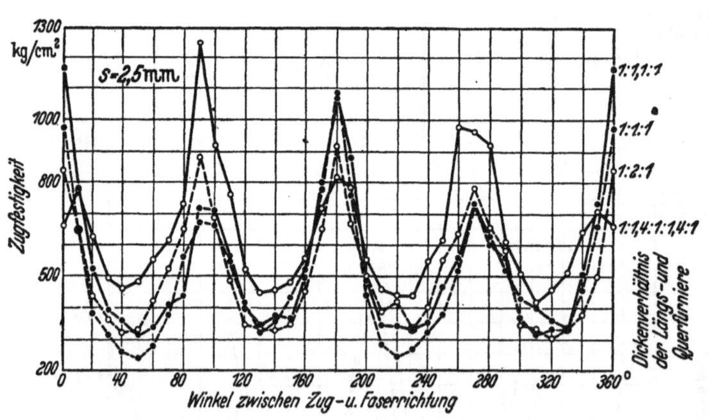

Abb. 27. Vgl. Abb. 24. Plattendicke *s* = 2,5 mm.

22. Die Verbundplatte, zunächst nur im Ausland hergestellt und angewandt, scheint allmählich auch in Deutschland Anklang zu finden. Die handelsüblichen Platten (Furnierplatten, S. 8) werden seit langem aus verschiedenen Hölzern aufgebaut. Auch die Verbundplatte enthält als Innenlagen Schälfurniere aus weniger wertvollen Hölzern, wird aber trotzdem als hochfeste Platte, z. B. für den Flugzeugbau, verwendet. Wenngleich auch Holz ein heimischer, sich selbst erneuernder Werkstoff ist, so ist es doch keineswegs einzusehen, warum Holzarten, die im allgemeinen als minderwertig angesehen werden und für den Hoch- und Tiefbau, wo fast ausschließlich Nadelholz verarbeitet wird, keine Verwendung finden, nicht zu

Furnieren zerlegt werden sollen, zumal solche Hölzer, entsprechend verarbeitet, Holz sparen helfen. Erle wurde in Osteuropa vielfach für minderwertige Platten, Pappel wird in Italien sogar zu Flugzeugplatten verarbeitet. Die hauptsächlich zu hochwertigen Platten verarbeiteten Hölzer sind jedoch osteuropäische und kanadische Birke, außerdem heute bei uns fast ausschließlich Buche. Dies geschieht nicht ohne Grund, denn diese Hölzer haben die höchsten Festigkeiten.

Holz ist wertvollstes Volksgut und für unsere Nachfahren von nicht abzuschätzender Bedeutung. Daher sollte man auch bei uns für hochfeste Platten (Flugzeugsperrholz) die Verbundplatte ganz planmäßig weiter entwikkeln und sie ebenso wie auch in anderen Staaten (und diese haben größeren Holzreichtum) als vollwertig (vielleicht sogar überlegen) anerkennen.

Mischt man beispielsweise Birke mit Erle oder Pappel, oder gar mit Gaboon, so ergibt dies immerhin noch eine Platte mit ausreichender Festigkeit für den Flugzeugbau, — für Möbelbau in allen Fällen. — Trotzdem aber haftet derartigen Sperrhölzern leicht der Ruf der Minderwertigkeit an, der aber in keinem Falle — auch bei Flugzeugplatten nicht — gerechtfertigt ist.

Da ja bekanntlich in einer Sperrplatte die Kräfte hauptsächlich über die Furniere weitergeleitet werden,

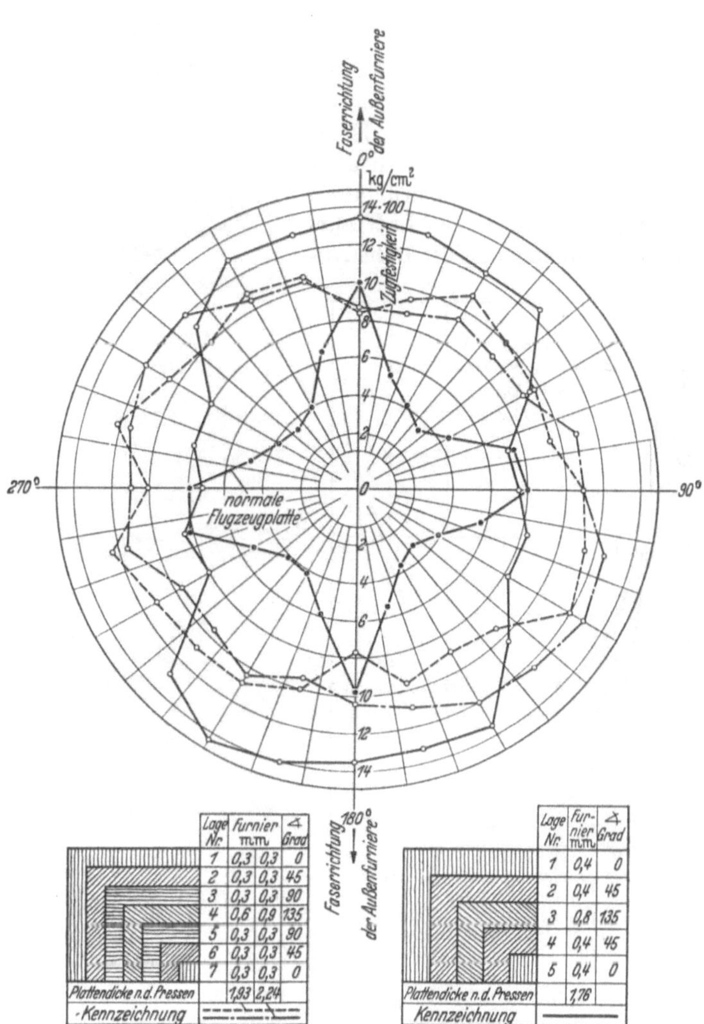

Lage Nr.	furnier m.m.		⊄ Grad
1	0,3	0,3	0
2	0,3	0,3	45
3	0,3	0,3	90
4	0,6	0,9	135
5	0,3	0,3	90
6	0,3	0,3	45
7	0,3	0,3	0
Plattendicke n.d. Pressen	1,93	2,24	
- Kennzeichnung			

Lage Nr.	furnier m.m.	⊄ Grad
1	0,4	0
2	0,4	45
3	0,8	135
4	0,4	45
5	0,4	0
Plattendicke n.d. Pressen	1,76	
Kennzeichnung		

Abb. 28. Zugfestigkeiten von Stern- und Normalplatten unter Angabe des jeweiligen Plattenaufbaues (Birke, filmverleimt).

deren Faser in Beanspruchungsrichtung liegt, ist es erforderlich, daß diese Lagen der jeweilig geforderten Beanspruchungshöhe entsprechend auch bemessen, aber nicht überbemessen sind. Die mit ihrer Faserrichtung senkrecht zur Beanspruchungsrichtung (Kraftrichtung) liegenden Furniere (Querfurniere) leiten aber bei dieser Beanspruchung so gut wie gar keine Kräfte weiter. Deshalb ist es nicht recht einzusehen, warum diese Lagen auch aus hochwertigem Holz bestehen müssen. Es ist ohne weiteres möglich, nach dieser Überlegung also eine hochwertige Platte (Flugzeugplatte) zu konstruieren, die aus verschiedenen, zumindest aber zwei Holzarten besteht, von denen das hochwertigere Holz kräfteweiterleitend, während das minderwertige sozusagen nur Füllmaterial ist, weil die Querfestigkeit der Furniere an sich ja sowieso gering ist.

Bei der Möbelplattenindustrie gibt es die verschiedensten „Holzmischungen"; hier werden aber auch keine großen Ansprüche an Festigkeit gestellt. Der Luftfahrzeugbau hingegen stellt hohe An-

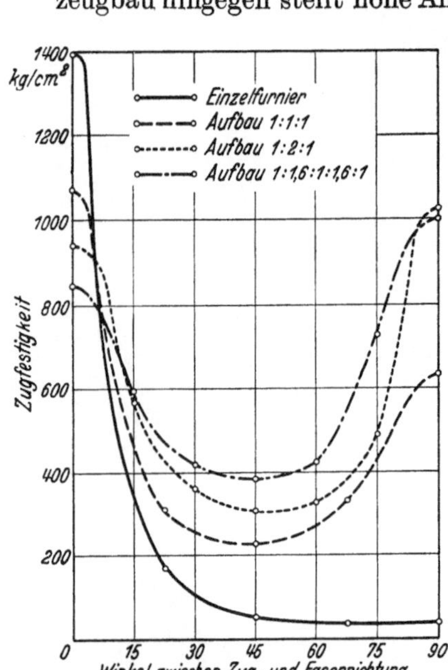

Abb. 29. Abhängigkeit der Zugfestigkeit von der Faserrichtung bei Birkensperrholz und -vollholz. (Nach O. KRAEMER.)

forderungen und somit ist es nicht gleichgültig, welche Holzarten miteinander verbunden werden. Auf alle Fälle muß ein hochwertiges Holz dabei sein. Folgende Holzarten haben mit Birke oder Buche gemischt sich gut bewährt:

Erle,   Pappel,
Bergahorn,   Gaboon.

Abschließend einige Zahlenangaben in den Tabellen 5 u. 6.

23. Prüf- und Abnahmevorschriften [6]. Bis zum Beginn des ersten Weltkrieges fanden Furniere und Sperrhölzer nur sehr geringe technische und wissenschaftliche Beachtung; man betrachtete sie als gewöhnliche Handelsware und hielt es nicht für notwendig, Geld für

Abb. 30. Bruchaussehen von dreifachen unter verschiedenen Winkeln zur Faserrichtung entnommenen Sperrholzproben (Birke, filmverleimt). (Aufn. d. Verf.) Winkel zwischen Zug- und Faserrichtung.

Untersuchungen und Forschungsarbeiten aufzuwenden. Als sich jedoch die Möglichkeit ergab, durch Sperrholz andere Baustoffe zu ersetzen, wurde diese Frage von einer anderen Seite angesehen.

Im Laufe der Jahre, zumal im Hinblick auf den Flugzeugbau, haben sich dann gewisse Richtlinien und Normen herausgebildet, die technisch dauernden Wert haben. Als kennzeichnend seien hier Einzelheiten aus den Vorschriften des *Germanischen Lloyd* (1. 1. 1942) wiedergegeben:

Abb. 31. Bruchaussehen von siebenfachen (nach Aufbau Abb. 28) unter verschiedenen Winkeln zur Faserrichtung entnommenen Sperrholzproben (Birke, filmverleimt). (Aufn. d. Verf.)

Man unterscheidet Qualität G.L. I und G.L. II, wobei die Festigkeiten beider Sorten durchaus gleich sein müssen. Der Unterschied liegt lediglich darin, daß Qualität G.L. I in einem Stück verwendbar ist, während G.L. II infolge von größeren Mittel- und Außenfurnierfehlern geteilt verarbeitet werden soll.

a) H o l z a r t: Birke oder andere gleichwertige Hölzer.

b) A u f b a u: Symmetrisch zur Mittellage sowohl bezüglich Faserverlauf als auch in Furnierstärke der äußeren Lagen. Durch Wahl des Aufbaues sollen möglichst ausgeglichene Festigkeiten erzielt werden. Unter 2,0 mm Plattenstärke soll die Lagenzahl mindetsens 3, dann bis 6 mm Stärke mindestens 5 betragen, und darüber hinaus ist sie freigestellt, muß jedoch mindestens sieben Lagen aufweisen.

c) V e r l e i m u n g: Zugelassen sind Tego-Leimfilm und Kaurit (vgl. Abschn. 7 und Kap. II, B).

d) O b e r f l ä c h e n b e a r b e i t u n g: Zugelassen „geschliffen" und „ungeschliffen", jedoch darf der symmetrische Aufbau durch die Verarbeitung nicht leiden.

e) A b m e s s u n g e n: Normalplatten 1200×1000 mm, Diagonalplatten 1200×800 mm. Bei Normalplatten gibt die erstgenannte Zahl zugleich die Faserrichtung der Außenlagen an.

Tabelle 5. K a n a d. B i r k e — F r a n z. P a p p e l.

Stärke mm	6	6,5
gemessene mittl. Stärke	6,1	6,45
Schichten Birke	3	4
Schichten Pappel	4	3
Lagen gesamt	7	7
Zugfestigkeit ‖	535—920	615—895
Mittelwert v. 15 Mess. . .	780	775
Zugfestigkeit ⊥	475—630	610—790
Mittelwert v. 15 Mess. . .	565	710
Zugfestigkeit 45°	230—300	255—328
Mittelwert v. 15 Mess. . .	275	294

Tabelle 6. O s t e u r o p ä i s c h e B i r k e — E r l e.

Stärke mm	4	6	8	10
gemessene Stärke	3,95—4,2	5,8—6,0	8,0—8,4	8,9—9,4
Schichten Birke	3	3	5	6
Schichten Erle	2	4	4	5
Lagen gesamt	5	7	9	11
Zugfestigkeit ‖	780—1140	809—1153	656—808	685—845
Mittelwert v. 16 Messungen . .	988	970	745	808
Zugfestigkeit ⊥	389—530	495—851	403—523	384—572
Mittelwert v. 16 Messungen . .	458	660	495	479

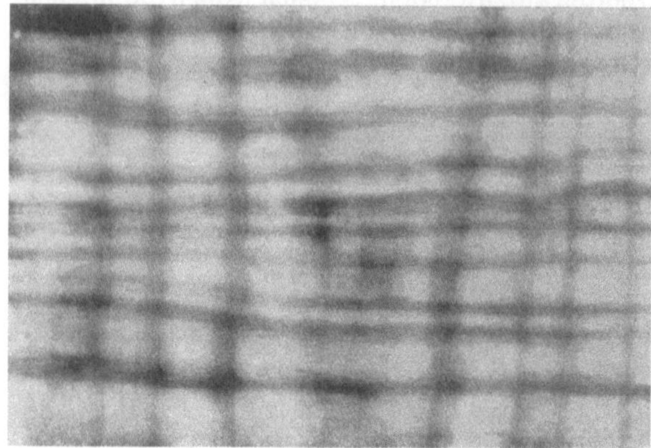

Abb. 32. Gerader Faserverlauf der Außen- und Innenlagen. (Durchleuchtungsbild, DVL.)

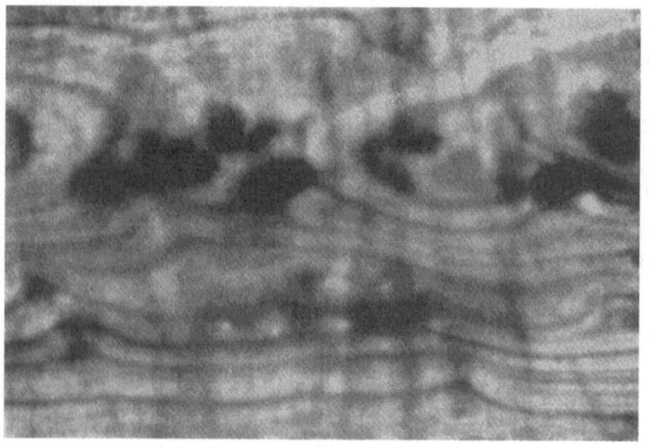

Abb. 33. Sperrholz mit ästiger und verwachsener Innenlage. (Durchleuchtungsbild, DVL.)

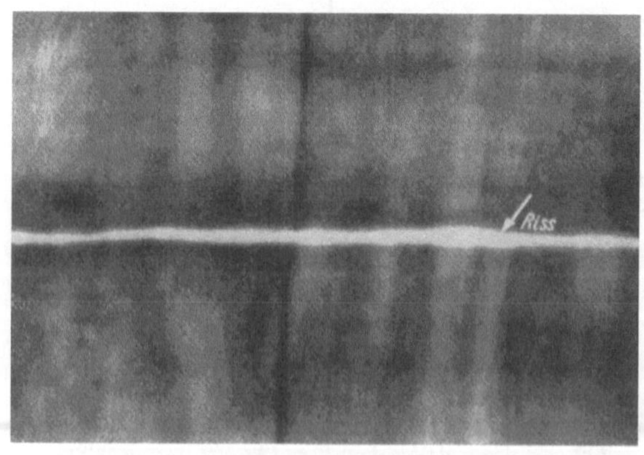

Abb. 34. Sperrholz mit Riß in der Innenlage. (Durchleuchtungsbild, DVL.)

Ferner sind Vorschriften über Probeentnahme, Sichtung der Platten usw. genau festgelegt. Weiter werden gefordert:

f) Durchleuchtung mittels hochkerziger Lampen bei Platten bis zu 3 mm, um Mittellagenfehler festzustellen. Die Abb. 32 bis 36 sind Beispiele solcher Durchleuchtungsbilder [1] (siehe auch Abschn. 30).

g) Dickenabweichungen: In der Regel sind bei Platten bis zu 2 mm $\pm 10\%$ und darüber $\pm 0,2$ mm zulässig (vgl. Abschn. 14!).

h) Feuchtigkeitsgehalt: Bei der fertigen Platte 7 bis 14 % zulässig; zu ermitteln durch die Darrprobe (Abschn. 26):

Durch Wiegen vor und nach der Trocknung im elektrischen Trockenofen (Abb. 62 rechts) bei einer Temperatur von rd. 95 bis 105° C erhält man

$$G_1 = \text{Probestückgewicht ungetrocknet}$$
$$G_2 = \text{Probestückgewicht getrocknet.}$$

Damit berechnet sich dann der Feuchtigkeitsgehalt in %

$$= 100\,\frac{G_1 - G_2}{G_2}.$$

i) Zugfestigkeit (siehe auch Abschn. 8 u. 31): Bei Platten unter 4 mm betragen die Abmessungen der Zerreißstäbe 250×25 mm, für dickere Platten gibt Abb. 37 ihre Form an. Gefordert werden folgende Festigkeiten:

----

[1] Aus Luftf.-Forsch. 1929 Heft 3. — DOBBERKE, M., u. K. SCHRAIVOGEL: Flugzeugsperrholz und seine Prüfung.

Längs plus quer zur Faserrichtung ≥ 1400 kg/cm² | siehe auch
Längs der Faserrichtung ≥ 700 kg/cm² | Abb. 41
Quer zur Faserrichtung ≥ 450 kg/cm² | bis 48.

Bei Platten über 3 mm dürfen diese Werte um höchstens 10 % unterschritten werden.

k) **L e i m f e s t i g k e i t** [6, 12] [1]: Probekörperherstellung nach Abb. 38 bis 40.

Die Probekörper müssen vor der Prüfung solange unter Wasser gelegen haben, daß ein völliges Durchnässen gewährleistet ist; Richtwerte hierfür sind: 24 Stunden bis zu einer Dicke von 2 mm, 48 Stunden über 2 mm. Die Wässerung der Stäbe kann in Sonderfällen durch 3stündiges Kochen ersetzt werden. Mindestfestigkeit nach dem Wässern oder dem Kochen im nassen Zustande gleich 20 kg/cm². Vgl. hierzu z. B. Abb. 80 u. 85 (Abschn. 38 u. 39).

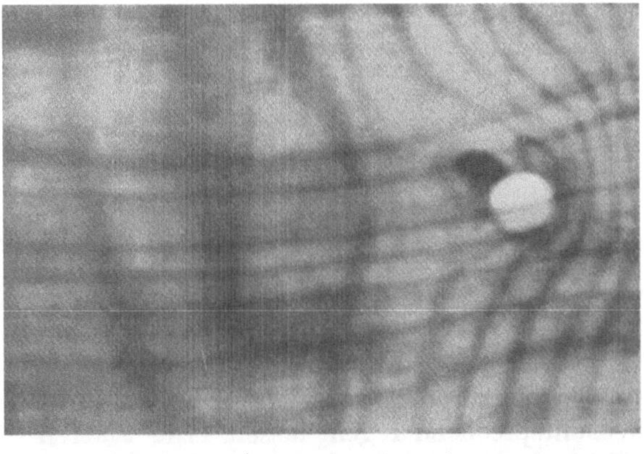
Abb. 35. Ausgestanzte Aststelle mit Füllstück. (Durchleuchtungsbild, DVL).

l) **B i e g e p r o b e**: Probestreifen von 25 mm Breite und hinreichender Länge werden über eine Schablone mit einem Biegehalbmesser von 50facher Plattendicke einmal hin- und hergebogen. Es darf hierbei weder Reißen oder Ablösen der Lagen noch Bruch eintreten.

m) **V e r w i n d u n g s - p r o b e**: Probestreifen mit gleichen Maßen wie für die Biegeprobe werden um ihre Längsachse bis zum Bruch verdreht. Dabei muß die Bruchstelle eine gute Verleimung aufweisen.

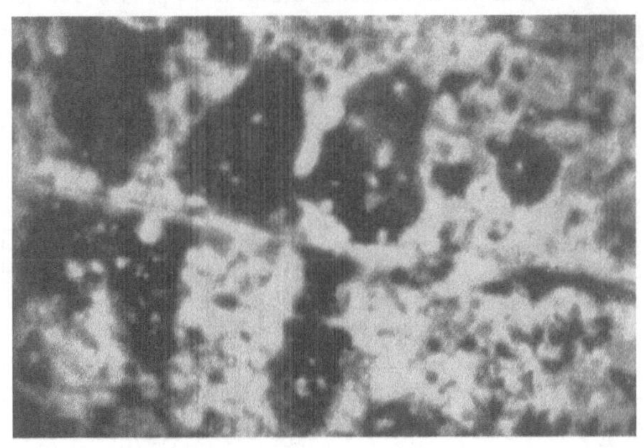
Abb. 36. Sperrholz mit schlechter Leimung. (Durchleuchtungsbild, DVL.) An den dunklen Stellen hat der Leim nicht abgebunden.

Andere Proben, wie Lagerung ganzer Platten unter Wasser (rd. 2 Std.), unmittelbar nach dem Preßgang, und anschließendes Abtasten auf Blasenbildung, Zerreißen ganzer Platten und somit Kontrolle der Verleimung auf der ganzen Fläche, sind weitere, jedoch nicht vorgeschriebene Prüfverfahren.

---

[1] Hier hat sich unter dem Namen „Leimfestigkeit" eine Bezeichnung eingeschlichen, die in gewissem Grade irreführend ist. Genau genommen gibt nämlich dieser Zahlenwert gar nicht die Leimfestigkeit, sondern die Scherfestigkeit der Leimfuge in kg/cm² an; daß diese — die Scherfestigkeit nämlich — nun nicht allein vom Leim, sondern auch vom Holzgefüge zu beeinflussen ist, dürfte einleuchten. Wir bekommen somit — genau genommen — keine reinen Werkstoffkennziffern. Im übrigen wird der Probestab nach Abb. 38 infolge exzentrischen Kraftangriffes bei Zugbelastung stets andere Werte ergeben müssen, als unter gleichen Verleimungsbedingungen nach Abb. 39 u. 40 hergestellte Leimproben, weil diese stets einer zentrischen Krafteinleitung ausgesetzt sein werden.

n) Plattenlagerung. Abschließend werden noch *Richtlinien* angegeben, die folgendes besagen: Die so geprüften Platten bleiben in ihrem Werte nur dann erhalten, wenn sie ordnungsgemäß gelagert werden. Diese Lagerung hat in einem

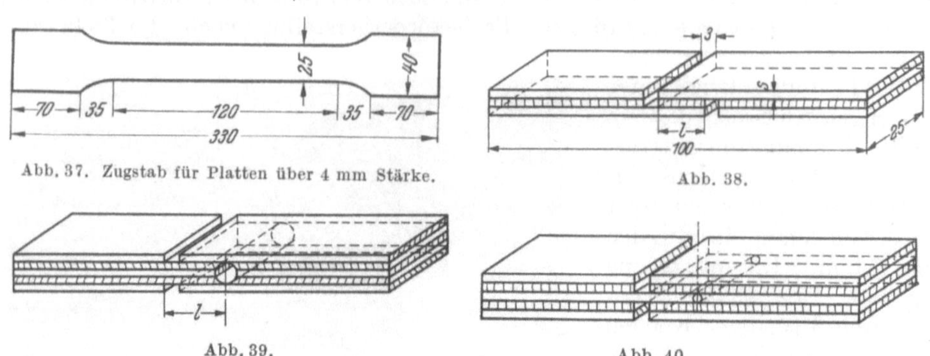

Abb. 37. Zugstab für Platten über 4 mm Stärke.

Abb. 38.

Abb. 39.

Abb. 40.

Abb. 38 bis 40. Probekörper für Leimfestigkeitsbestimmung. $l = 15$ bis 20 s.

geschlossenen Raume zu erfolgen, dessen Luft- und Temperaturverhältnisse sich zweckentsprechend regeln lassen. Die Platten dürfen nur in waagerechten Gestellen gelagert werden, die einen Mindestabstand von 30 cm von Wand und Erdboden haben. Schräges Aufstellen der Platten ist unbedingt zu vermeiden.

24. Häufigkeitsuntersuchungen [7]. Es ist gewagt, von den Eigenschaften *einer* Platte auf eine ganze Fertigung zu schließen. Trägt man aber *zahlreiche* Ergebnisse in einem Schaubild zusammen, so erhält man die Unterlage zu einem allgemeineren Urteil. Man nennt die dabei entstehenden Linienzüge „Häufigkeitskurven". Beim Aufstellen von Häufigkeitswerten ermittelt man zunächst, wieviele Versuche jeweils dasselbe oder annähernd dasselbe Ergebnis zeitigen und schafft sich somit eine gewisse Wertstaffelung (in unseren Fällen liegen die Meßwerte immer von 50 kg/cm² zu 50 kg/cm²). Die somit tabellarisch zusammengefaßten Werte werden nunmehr auf den jeweiligen zugeordneten Zugfestigkeitswerten nach oben hin abgetragen und ergeben dann Punkt um Punkt den Verlauf der Häufigkeitskurve.

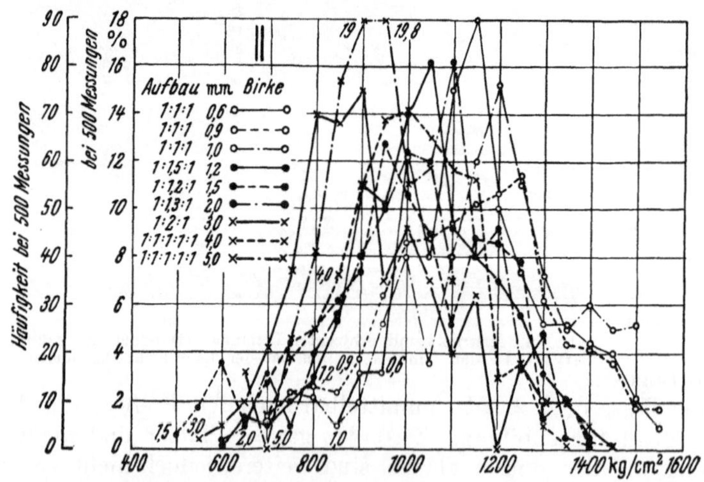

Abb. 41. Häufigkeitskurven für Flugzeugsperrholz, (osteuropäische Birke) Zugfestigkeiten parallel zur Faser. (Entnommen Zeitschr. Holz, 5. Jahrg. Heft 4 Abb. 9. Berlin: Springer).

Im Anschluß an die Prüfbestimmungen seien hier zusammengefaßt die wichtigsten Werte für die im Flugzeugbau gebräuchlichsten Sperrholzstärken und Holzarten (Abb. 41 bis 48) wiedergegeben.

Diese Werte, in jahrelangen Untersuchungen gefunden, ergeben sich aus etwa 25 000 Einzeluntersuchungen, die zusammengefaßt den Zweck verfolgen, nach-

prüfen zu können, in welchem Verhältnis die Leistungen der Sperrholzindustrie zu den Anforderungen der Verbraucher stehen, d. h. mit anderen Worten, um wieviel sie die z. B. durch die „Bauvorschriften für Flugzeuge" der einzelnen Staaten geforderten Werte über- oder unterschreiten. Selbstverständlich bilden diese Schaubilder auch ein vortreffliches Hilfsmittel für Vergleiche mit anders aufgebauten oder aus anderen Stammhölzern hergestellten Platten.

Anmerkung: Die Häufigkeitskurven: Leimfestigkeit, naß, wurden absichtlich **nur** für osteuropäische Birke gebracht, weil sie für Buche und kanadische Birke aufgetragen, kaum wesentliche Unterschiede ergeben.

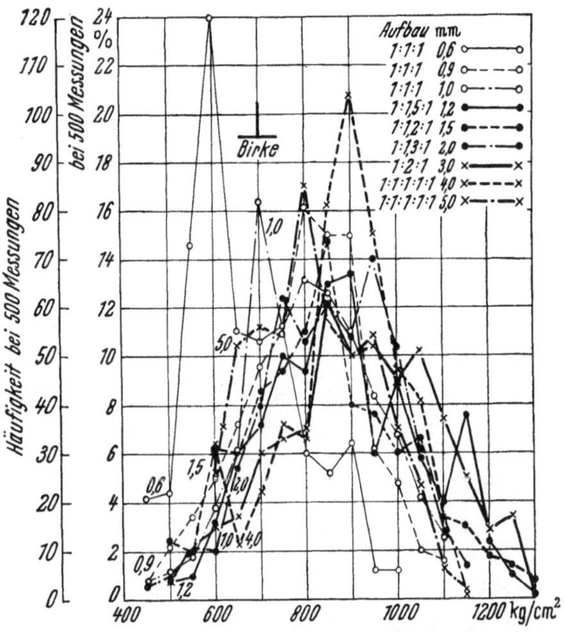

Abb. 42. Häufigkeitskurven für Flugzeugsperrholz (osteuropäische Birke), Zugfestigkeiten senkrecht zur Faser.

E. Meß-, Prüf- und Hilfsgeräte der Sperrholzindustrie[1].

Die Zahl der Hilfsgeräte ist gerade in der Sperrholzindustrie recht groß; da es weiterhin heute für viele Sonderzwecke auch Sonderinstrumente gibt, so dürfte es nicht verfehlt sein, diese hier kurz zu erwähnen. Oft findet man nämlich, daß gerade alte Sperrholzfachleute gar nichts oder wenig von diesen Geräten wissen und sich mit irgendwelchen mehr oder weniger genauen Hilfsmitteln herumärgern.

25. Geräte zur Temperaturmessung. Sehr wesentlich für die Verleimung von Sperrplatten ist die Temperatur, die nur wenig schwanken darf. Deshalb muß man die Temperaturen der Heizplatten, die für diesen Zweck kleine Bohrungen erhalten, öfter prüfen, und zwar mittels kleiner Thermometer, die nicht ganz so groß wie ein Fieberthermometer sind.

Will man hingegen eine dauernde Temperaturkontrolle haben, so greift man am besten zu einem Temperaturschreiber (Abb. 49), der dann auch meist gleich den Flüssigkeitsdruck im Pressenzylinder aufzeichnet und so eine Kontrolle nicht allein des Druckes und der Temperatur, sondern auch des Betriebspersonals ergibt. Ein derartiger Diagrammstreifen sagt sehr viel; denn die eingebaute Uhr läuft weiter, und daher wird alles vermerkt, was an der Presse vorgeht: Ihre Ausnutzung, die Verleimungsgüte des Preßgutes usw. lassen sich somit bestens überwachen. Bleibt der Linienzug für die Temperatur nämlich eine angenäherte Gerade, so hat der Presser das Thermometer gut beobachtet und die Temperatur entsprechend geregelt. Der Schrieb, der vom Preßzylinderdruck herrührt, zeigt hingegen: wie oft die Presse in einer gewissen Zeiteinheit — z. B. in einer Schicht — ge-

---

[1] Die in diesem Hauptabschnitt genannten Erzeugnisse sind nur Beispiele. Sie sollen zeigen, welche Arten von Geräten es auf diesem Gebiete gibt. Selbstverständlich werden von zahlreichen deutschen Firmen derartige Geräte in hervorragender Güte hergestellt.

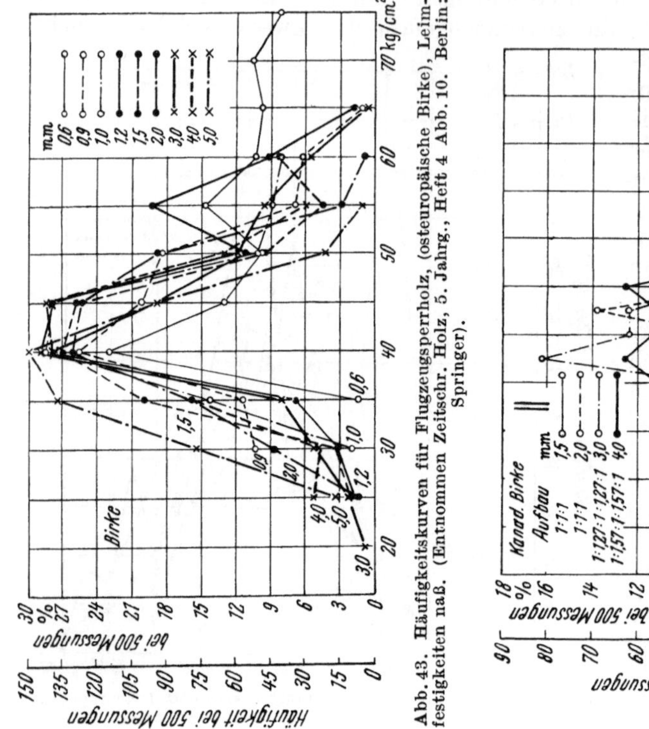

Abb. 43. Häufigkeitskurven für Flugzeugsperrholz, (osteuropäische Birke), Leimfestigkeiten naß. (Entnommen Zeitschr. Holz, 5. Jahrg., Heft 4 Abb. 10. Berlin: Springer).

Abb. 44. Häufigkeitskurven für Flugzeugsperrholz (kanadische Birke) Zugfestigkeiten parallel zur Faser. (Entnommen Zeitschr. Holz, 6. Jahrg., Heft 1 Abb. 5. Berlin: Springer

Abb. 45. Häufigkeitskurven für Flugzeugsperrholz, (heimische Buche), Zugfestigkeiten parallel zur Faser.

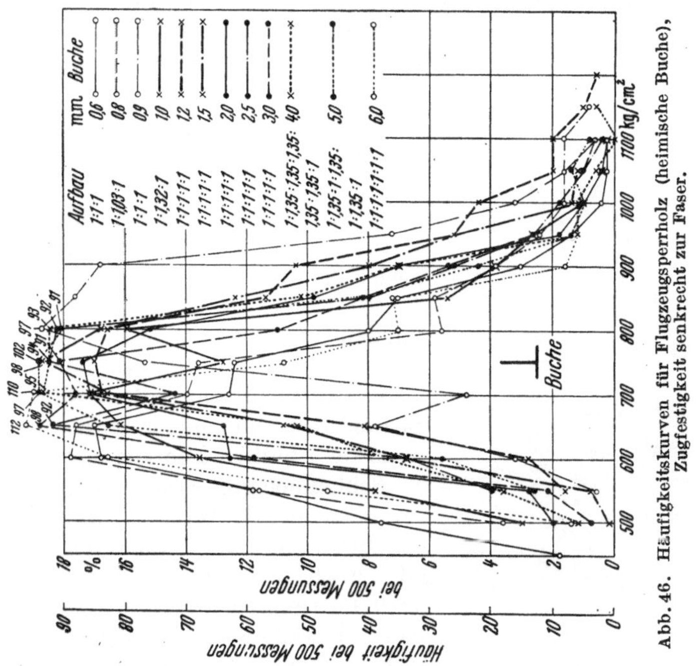

Abb. 46. Häufigkeitskurven für Flugzeugsperrholz (heimische Buche), Zugfestigkeit senkrecht zur Faser.

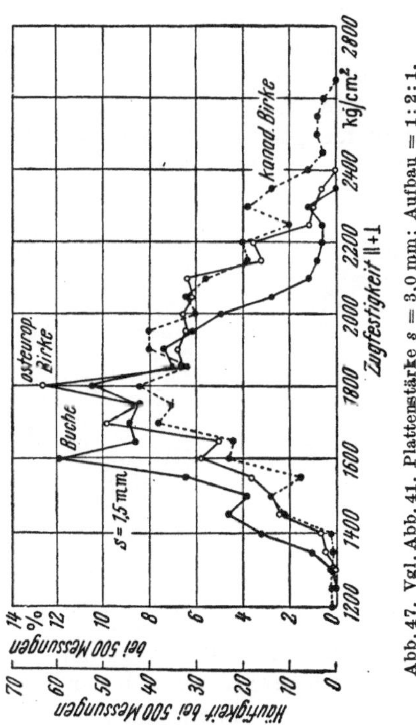

Abb. 47. Vgl. Abb. 41. Plattenstärke $s = 3{,}0$ mm; Aufbau $= 1:2:1$.

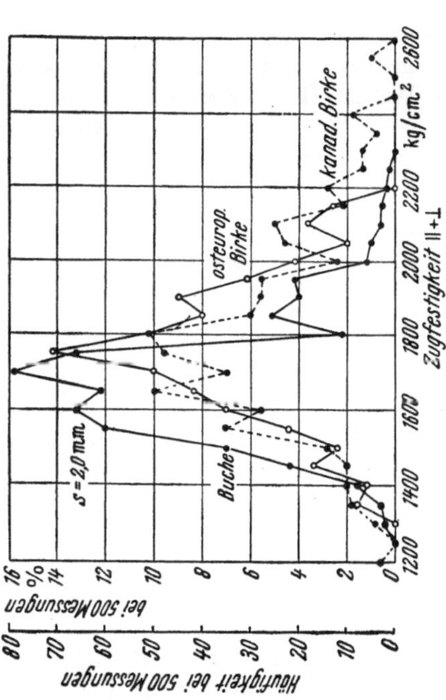

Abb. 48. Vgl. Abb. 41. Plattenstärke $s = 4{,}0$ mm; Aufbau $= 1:1:1:1:1$.

schlossen wurde, wie lange sie geschlossen blieb, bei welchem Druck und ob dieser gleichbleibend über die ganze Preßdauer verteilt war. Fälschungen der Angaben des Gerätes sind ausgeschlossen, weil es abschließbar ist.

Weiterhin werden gern große Anzeige- und Alarmthermometer (Abb. 50 u. 50a) verwendet, vor allem dort, wo es darauf ankommt, die Temperatur der Arbeitsräume in gewissen Grenzen zu halten, und wo eine selbsttätige Regelung noch nicht vorgesehen ist. Diese Thermometer, die mit einem Alarmgerät verbunden sind, werden auf einen bestimmten Bereich eingestellt und alarmieren bei Über- oder Unterschreitung der vorgeschriebenen Spanne den Temperaturverantwortlichen, der dann für Abhilfe zu sorgen hat.

Schließlich gibt es noch vollkommen selbsttätig arbeitende Temperaturregler (Abb. 51), die durch An- oder Abschalten einer Heizung oder auch beispielsweise durch Einschalten einer Lüftung bei Übertemperaturen vollkommen selbständig für das Einhalten der eingestellten Temperatur sorgen. Verwendet werden diese Geräte hauptsächlich in sogenannten

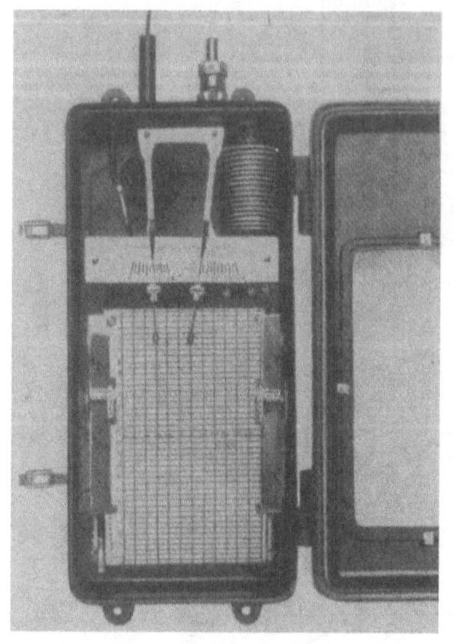

Abb. 49. Druck- und Temperaturschreiber. (Dreyer, Rosenkranz & Droop, Hannover.)

klimatisierten [1] Räumen (Klimaanlagen; vgl. Lagerung der Furniere im 2. Teil).

26. Feuchtigkeitsbestimmung. Richtiger Feuchtigkeitsgehalt der Hölzer ist bei jeder Verleimungsmethode von Wichtigkeit, gleichgültig ob man mit Naßleimen oder Leimfilmen arbeitet. Es genügen hier keine Handproben und Schätzungen des Feuchtigkeitsgehaltes — ohne die Fähigkeiten guter, mit ihrem Werkstoff verwachsener Fachleute anzweifeln zu wollen —, sondern nur genaue Messungen.

Abb. 50. Goliath-Signalthermometer. (R. Fueß, Berlin-Steglitz.)

Abb. 50 a. Einbau-Thermometer (G. Lufft, Stuttgart).

Abb. 51. Raumregler. (Siemens & Halske. Berlin.)

Von den verschiedenen Möglichkeiten einer Holzfeuchtebestimmung ist die sicherste, wenn auch nicht schnellste, die *Darrprobe* nach bereits angegebener For-

---

[1] Außer in der Holzindustrie gibt es Klimaanlagen in der Textilindustrie und neuerdings auch in der Metallindustrie (Feinmeßräume und Werkstätten für besonders genaue Arbeiten).

mel (Abschn. 23 h). Dabei wird die zu untersuchende Holzprobe auf einer Feinwaage gewogen und dann so lange im Trockenofen gedarrt, bis keine Gewichts-
abnahme mehr festzustellen ist. Es gibt auch Trockenöfen, in denen die Feinwaage eingebaut ist, und zwar derart, daß die eine Hälfte des Waagebalkens mit
dem Probekörper im Ofen, die andere Hälfte hingegen mit Gewichten außerhalb
des Ofens angebracht ist [1].
Die Messung ist hierbei einfacher; denn man braucht
nunmehr nur vom Anfangs-
zustand, dem feuchten, beginnend, die Gewichte so
lange zu verringern, bis eine
Verringerung nicht mehr erforderlich ist, um die Waage
im Gleichgewicht zu halten.
Dann ist nämlich der Feuchtigkeitsgehalt des Holzes
gleich Null. Diese Ausführung der Darrprobe hat weiterhin den Vorteil, daß der
nach Feuchtigkeit geradezu
lechzende Probekörper keine
Luftfeuchte auf dem Wege
vom Trockenofen zur Waage
aufnehmen kann, weil ein
solcher Weg nicht vorhanden
ist.

Wie gesagt, ist dieses
Verfahren nicht gerade das
schnellste, aber das genau-
este. Es wird daher nur für
genaue Bestimmungen An-
wendung finden. Eine
schnelle und auch hinrei-
chend genaue Bestimmung
der Holzfeuchte ergibt sich

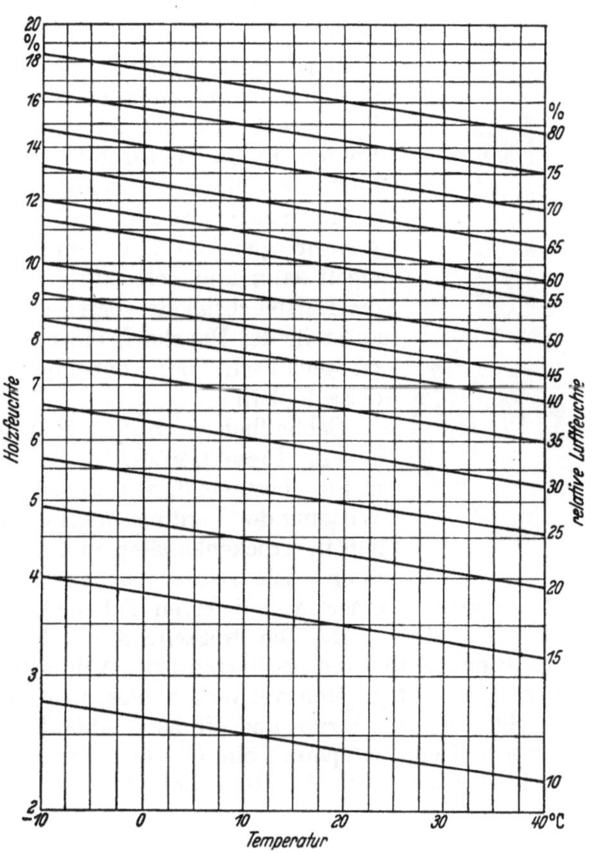

Abb. 52. Luft-Holzfeuchte-Gleichgewichtskurven.

unter Zuhilfenahme des in Abb. 52 wiedergegebenen Schaubildes. Allerdings benötigt man hierfür zwei Meßinstrumente, nämlich das Thermo- und das Hygrometer,
um auf die Holzfeuchte schließen zu können. Es gibt hier die verschiedensten
Geräte, z. B. Abb. 53 u. 54. Am genauesten und gebräuchlichsten sind die *Haarhygrometer*, deshalb so genannt, weil eine sog. Haarharfe (Bündel besonders präparierter
Menschenhaare) ihre Längenänderungen auf ein Zeigersystem überträgt und so
die bezogene (relative) Luftfeuchte in % angibt. Diese Geräte werden sowohl als
Wand-Hygrometer mit eingebautem Thermometer als auch in Form von Einbau-
(Abb. 53a) und Auflege-Hygrometern hergestellt. Besonders interessant ist das
in Abb. 53 gezeigte Polymeter, das außer Feststellung der relativen Luftfeuchte
und der Lufttemperatur die Bestimmung des Dunstdruckes, Taupunktes, des
Dampfhungers der absoluten Feuchtigkeit, des Wasserdampfgehaltes eines Raumes

---

[1] Die Abbildung einer solchen Feinwaage findet sich im Abschn. 21 des 2. Teiles mit
einer ähnlichen Bauart zur Bestimmung der Holzfeuchtigkeit vor, während und nach der
Trocknung von Brettern in der Trockenkammer.

usw. ermöglicht. Die Auflege-Hygrometer sollen, wie der Name sagt, durch Auf-
legen auf das Prüfstück seine Feuchtigkeit angeben; jedoch ist diese Messung auch
bei Zwischenlegen einer Gummidichtung sehr ungenau. Als Gegenstück zu den
Maxima-Minima-Thermometern, gibt es auch derartige Haarhygrometer, wie Abb. 54 zeigt.

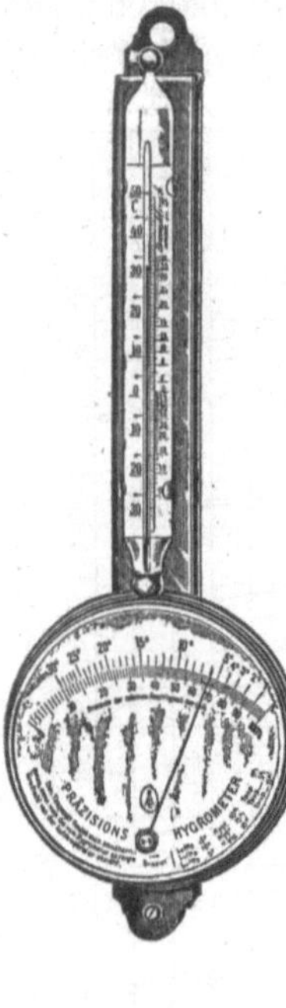

Eine weitere Ausführung dieser Haarhygrometer stellen die
Hygrographen dar, also Meßgeräte, die nicht nur messen,
sondern die Messungen gleichzeitig aufzeichnen. Eine sehr
zweckmäßige Vereinigung ist der in Abb. 55 gezeigte Thermohygrograph. Diese Geräte lassen sich an den verschiedensten
Stellen des Betriebes gut einsetzen und überwachen 7 Tage
hindurch vollkommen selbsttätig die Klimaverhältnisse.

Ein neueres *Schalthygrometer*[1] läßt sich ähnlich dem Temperaturregler Abb. 51 auf einen gewissen Bereich einstellen und
regelt dann ganz selbsttätig das Ab- und Anschalten der für
die Luftfeuchtigkeit vorgesehenen Einrichtungen. Es enthält
an Stelle der Haarharfe ein mechanisch weniger empfindliches,
meßtechnisch aber hochempfindliches Band aus einem Son-
dercellophan.

Schließlich seien die *Psychrometer* nicht unerwähnt ge-
lassen. Diese Geräte, in der Hauptsache aus zwei Thermo-
metern bestehend, von denen eines befeuchtet wird und die
Wirkung der Verdunstungskühlung anzeigt, finden hauptsächlich in Trockenkanälen mit ausreichender Belüftung Anwendung. Die relative Feuchte bestimmt man dann an Hand
einer mitgelieferten Tabelle [2].

27. Die Preßzeit, d. h. also die Zeit, die erforderlich ist,
um die Bindemittel zum Aushärten bzw. Abbinden zu bringen, muß sehr genau
innegehalten werden. Man verwendet hier ausschließlich Sonderweckuhren, die
sich leicht einstellen lassen und die nach Ablauf
der eingestellten Zeitspanne ein Glocken- oder
Lichtsignal geben (Abb. 57, Mitte unten).

Abb. 53. Polymeter.
(G. Lufft, Stuttgart.)

Abb. 53a. Einbau-Hygrometer (G. Lufft, Stuttgart.)

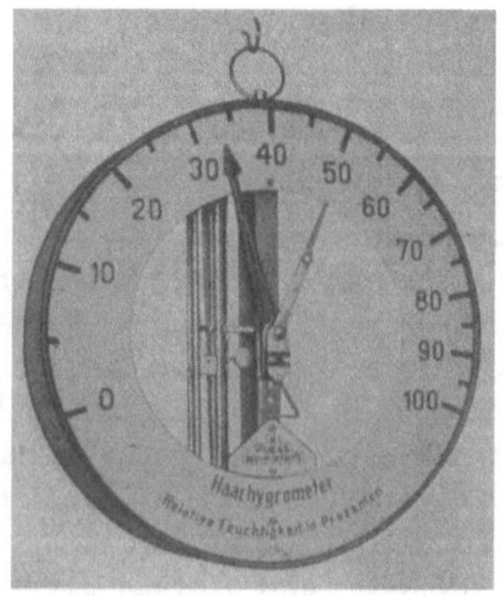

Abb. 54. Goliath Haarhygrometer.
(R. Fueß, Berlin-Steglitz.)

[1] Hersteller: Siemens & Halske, Berlin.

[2] Ein zum festen Einbau geeignetes Psychrometer und ein schreibendes Doppelthermo-
meter, das nach demselben Grundsatz arbeitet, sind im Abschn. 21 des 2. Teiles abgebildet.

28. Druckmessung und Druckregelung. Zum Messen des Dampfdruckes beim Beheizen der Preßplatten und zur Feststellung des im Preßzylinder herrschenden Wasserdruckes, bedient man sich der auch sonst üblichen Manometer.

Um jedoch den Preßwasserdruck, der infolge von Undichtigkeiten schwankt, in bestimmten Grenzen halten zu können, verwendet man oft Manometer mit Minimum- und Maximumkontakt (Abb. 56). Diese schalten die Pumpe nach dem Hochfahren der Presse beim Erreichen des eingestellten Höchstdruckes selbsttätig aus. Sollte der Druck hingegen während des Preß-

Abb. 55. Thermohygrograph. (Lambrecht, Göttingen).

Abb. 56. Manometer mit Minimum- und Maximumkontakt. (Dreyer, Rosenkranz & Droop, Hannover.)

ganges unter eine eingestellte Grenze sinken, so schalten sie die Pumpe ebenfalls selbsttätig wieder ein.

Diese Instrumente sind sozusagen als hydraulisch gesteuerte Schalter aufzufassen, denn durch sie werden über Schütze und entsprechende Hubmagnete die Ventile der Preßwasserpumpen gesteuert.

Ein weiteres hierher gehörendes Meßgerät wäre der bereits eingangs (Abb 49) wiedergegebene Temperaturdruckschreiber. Eine Zusammenstellung verschiedener Instrumente zu einem Schaltbrett zeigt Abb. 57.

29. Dickenmeßgeräte. Sowohl der Schäl- als auch der Preßbetrieb und nicht zuletzt die Abnahme machen schnell und trotzdem genau arbeitende Feinmeßgeräte erforderlich, wie z. B. Abb. 58 eines wiedergibt. Diese Geräte zeigen auf 0,1 mm genau an, 0,05 mm lassen sich gut schätzen und genügen vollkommen. Genauer, aber auch umständlicher ist die Feinmeßschraube, die selten im Betrieb, hingegen um so mehr im Laboratorium gebräuchlich ist.

Abb. 57. Überwachungsgeräte einer hydraulischen Presse. Rechts und links Druck- und Temperaturschreiber. Oben Hydraulik- und Dampfmanometer. Mitte Maximum- und Minimummanometer. Unten Wecker. (Becker & van Hüllen, Krefeld.)

Um Platten schnell und genau, vor allem bei Abnahmeprüfungen, an allen Stellen messen zu können, verwendet man die in Abb. 59 gezeigte Vorrichtung, die im wesentlichen aus den verstellbaren Auflagern, dem Ausleger und einer Meßuhr mit einer Ablesegenauigkeit von 0,01 mm besteht.

30. Vorrichtungen zum Durchleuchten. Fehler der Mittellagen an verleimten Platten kann man ohne Zerstörung der Platten feststellen, indem man sie durchleuchtet (vgl. Abb. 32 bis 36). Das ist bei Platten bis 3 mm Stärke gut möglich. Darüber hinaus sind die Einzelheiten auf diese Weise jedoch nicht mehr zu erkennen; man ist daher gezwungen, entweder auf eine Kontrolle ganz zu verzichten oder aber beim Legen der Furniere selbst zugegen zu sein, denn eine Röntgeneinrichtung ist für diesen Zweck zu kostspielig.

Für den Aufbau der Beleuchtungsanlage gibt es verschiedene Möglichkeiten, die sich ganz nach den jeweiligen Verhältnissen richten. Meist ist sie im Prüf-, Abnahme- oder Lagerraum untergebracht, also mehr oder weniger ortsfest. Dabei

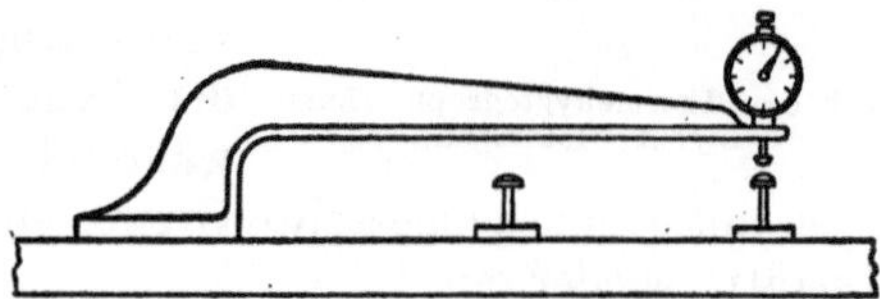

Abb. 58. Uhrschnellmesser mit großer Ausladung. (A. Meißner, Freiberg/Sachsen.)

genügt vollkommen ein oben offener Kasten, in welchem die Lampen nebst einem Rückstrahler untergebracht sind. Man verdunkelt den Raum und legt die zu

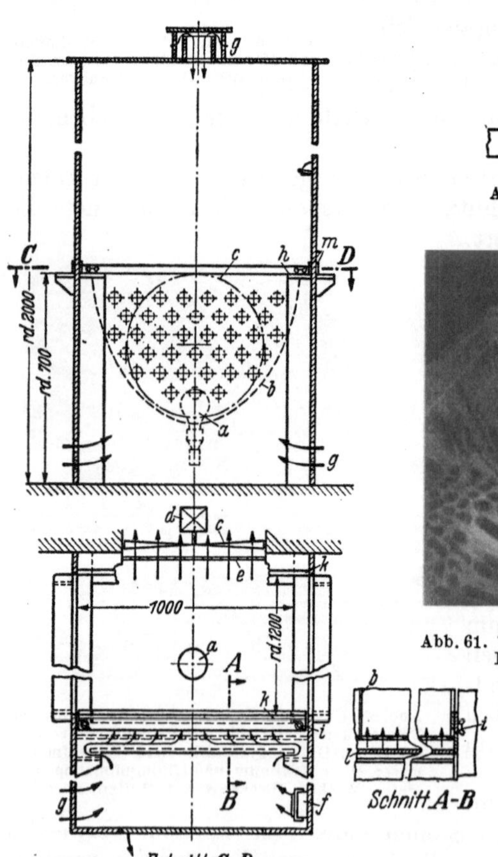

Abb. 60. Durchleuchtungskammer für Sperrholz bis 3 mm Stärke. (Bauart BITTNER.)

$a = 2 \cdots 3$ Lampen, je 1000 Watt; b = Rückstrahler; c = Lüfter; d = Lüftermotor; e = Schutzgitter; f = Schalter für Lampen und Lüfter; g = Frischluft; h = Auflagebretter; i = verstellbare Auflageschiene; k = Führungsleisten; l = Lichtschirme; m = Schlitzabdichtung (Filz).

Abb. 59. Ortsfeste Meßvorrichtung für Sperrplatten.

Abb. 61. Blick in den Rückstrahler des in Abb. 60 gezeigten Durchleuchtungsapparates. (Aufn. d. Verf.)

untersuchenden Platten über den Kasten. Da nun aber im verdunkelten Raum sonst nicht gearbeitet werden kann, was manchmal unangenehm empfunden wird, sei hier auf eine Durchleuchtungskammer hingewiesen, die in hellen Räumen verwendbar ist und sich gut bewährt hat. Abb. 60 zeigt die Anordnung selbst, während Abb. 61 einen Blick in den Rückstrahler dieser nur wenig Platz beanspruchenden Anlage während des Betriebes (ohne Prüfstück) wiedergibt. Es ist nunmehr möglich, im selben Raum zu durchleuchten und zu sortieren.

31. Prüfmaschinen für Zug, Druck und Biegung (Abb. 62) sind für die Untersuchung von Flugzeugplatten unentbehrlich. Zur Feststellung der Leim- und Zugfestigkeiten genügen zwar auch schon kleinere und einfachere Maschinen, wie z. B. Abb. 63; jedoch werden Einrichtungen nach Abb 62 erforderlich, wenn man sich mit der Herstellung von Schichthölzern beschäftigt und außer Zug- auch Druck- und Biegeversuche durchzuführen hat.

32. Die Vorbereitung von Sperrholz-Zerreißproben (Zug- und Leimstäbe)

Abb. 62. Universalprüfmaschine und Trockenschrank in einem Prüfraum
(Aufn. d. Verf.)

ist schnell und sauber mit der kleinen Kreissäge (Abb. 64) möglich. Proben nach Abb. 37 werden meist auf Oberfräsen hergestellt [27].

Abb. 63. Prüfmaschine zur Feststellung der Zugfestigkeit. (Aufn. d. Verf.) a = Prüfstab.

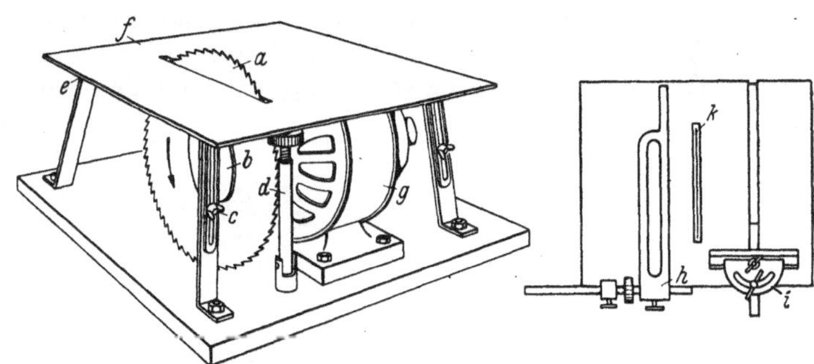

Abb. 64. Kleine Kreissäge mit verstellbarem Sägetisch zur Vorbereitung von Sperrholzzerreißproben. (Th. Goldschmidt A.-G., Essen.) a = Kreissägeblatt; b = Klemmscheiben; c = Schraube zum Feststellen des Tisches; d = Schraube zum Heben oder Senken des Tisches; e = Gelenk für den Sägetisch; f = Sägetisch; g = Antrieb (Motor); h = Anschlag mit Grob- und Feinstellung; i = Probenschieber (in Nute); k = Schlitz mit Kreissägeblatt. Maße für das Kreissägeblatt: 200 mm Durchmesser, 1,5 mm Stärke, 10 Zähne auf einen Zoll, schwach geschränkt.

II. Schichthölzer (lamellierte oder vergütete Hölzer).

A. Entstehung, Herstellung und Eigenschaften von Schichtholz.

33. Mittel zur Holzvergütung. Wie wir bereits beim Sperrholz gesehen haben, lassen sich die bekannten Stammholzeigenschaften durch gewisse geeignete Verfahren verbessern, also „vergüten". Spricht man nun von „vergüteten Hölzern", so ist man leicht geneigt anzunehmen, daß Sperrholz nicht dazu gehört. Dem ist aber nicht so; denn Sperrholz ist selbstverständlich auch vergütetes Holz; leider sind die Bezeichnungen nicht immer ganz treffend gewählt worden, so daß hier in erster Linie einmal eine klare und eng umgrenzte Aufteilung vorgenommen werden soll.

Die Mittel, deren man sich bei der Holzvergütung bedient, können sein:

1. Rein mechanischer Art, z. B. Aufteilen des Stammholzes in dünne Einzellagen und anschließendes Verleimen der Teilschichten unter verschiedener Lage der Faserrichtung (Sperrholz, Schichtholz).

2. Physikalischer und chemischer Natur, nämlich Tränken mit wasserabweisenden oder festigkeitserhöhenden Stoffen bzw. Behandlung mit geeigneten Chemikalien.

3. Vereinigungen aus 1 und 2.

Je nach Art der Vorbehandlung ist es nun möglich, ganz bestimmte Werkstoffeigenschaften zu verbessern. Bearbeitungsverfahren, wie beispielsweise Polieren oder Lakkieren, sind wohl auch Vergütungsmaßnahmen, fallen hier aber nicht unter den Begriff „Vergütung".

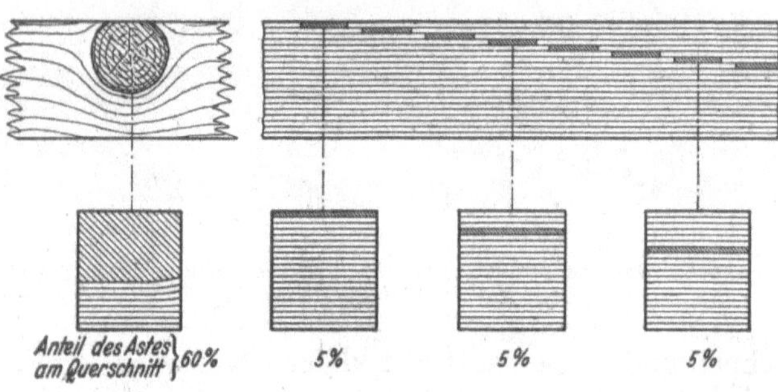

Abb. 65. Verminderung des Einflusses einer Fehlstelle (Ast) durch Unterteilen. (Nach P. BRENNER und O. KRAEMER.)

34. Die Entwicklung vom Sperrholz zum Schichtholz.

Wie schon im I. Kap., beim Sperrholz, so wollen wir uns auch im nachfolgenden nur mit der Verbesserung der *mechanischen* Eigenschaften des Holzes befassen; damit ergeben sich folgende Hauptaufgaben:

1. Verbesserung des Baustoffes in bezug auf seine Formbeständigkeit unter Einfluß der Wechselwirkung von Temperatur und Luftfeuchte.

2. Verbessern und somit Vergleichmäßigen (Homogenisieren) des Werkstoffes in bezug auf seine Festigkeitseigenschaften, also Ausschalten bzw. Vermindern von Fehlern, die durch das Wachstum bedingt sind.

Wie uns bereits bekannt, ist die erstgenannte Verbesserung der Formbeständigkeit des Holzes durch *Sperrholz* zum Teil erreicht worden; in gewissem Sinne, jedoch nicht restlos, wurde auch die zweite Forderung erfüllt. Im übrigen ist Sperrholz trotz aller

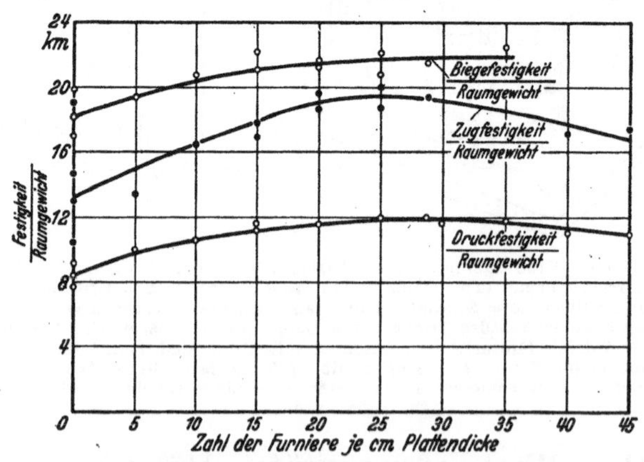

Abb. 66. Bezogene Festigkeit von Schichtholz in Abhängigkeit vom Plattenaufbau. (Nach O. KRAEMER.)

Verbesserungen für manche Verwendungszwecke nicht ausreichend; und zwar gerade dort, wo höchste Zugfestigkeit verlangt wird, muß es wegen seiner die Längsfestigkeit entsprechend herabsetzenden Querlagen ausscheiden.

Da gerade Holz infolge seines günstigen Verhältnisses von Zugfestigkeit zu Raumgewicht für auf Zug beanspruchte Bauglieder ein idealer Leichtbaustoff, jedoch in seinem Aufbau zu unregelmäßig ist, war es naheliegend, in erster Linie einen Baustoff zu schaffen, der homogenisiert ist und eine annähernd normale Zugfestigkeit aufweist. Ebenfalls ist Holz für auf Knickung beanspruchte Bauteile geeignet, da es wegen seines geringen Raumgewichtes die Schaffung großer Querschnitte und somit großer Trägheitshalbmesser zuläßt. Weiter nicht zu verkennende Vorzüge sind günstige schall-, wärmetechnische und elastische Eigenschaften, leichte Bearbeitbarkeit, ideale Verbindbarkeit usw.

Somit kommen wir zwangsläufig zu dem von P. BRENNER u. O. KRAEMER [10] in der Stoffabteilung der DVL₁ entwickelten *Schichtholz*, das uns im nachfolgenden in der Hauptsache beschäftigen soll.

Betrachten wir die Abb. 65, so erhellt, daß der 60 % des Querschnittes einnehmende Ast den Körper erheblich schwächen muß, zumal wenn man berücksichtigt, daß größere Äste stets lose im Holze sitzen. Durch Aufteilen in beispielsweise 20 Einzellagen und Versetzen der Fehlstellen würde sich die Querschnittsschwächung von 60 % auf 5 % vermindern lassen. Eine weitere Unterteilung ergibt also auch eine weitere Verringerung der Fehlstellen. Jedoch sind auch hier Grenzen gesetzt, wie die Abb. 66 zeigt; wird die Unterteilung zu groß, so nimmt die Festigkeit wieder ab. Man wird den Aufbau dem jeweiligen Verwendungszweck anzupassen haben.

Wie Tabelle 7 angibt, werden beim Schichtholz (Abb. 67) nur in Sonderfällen Furniere querfaserig zu den übrigen angeordnet, was dann selbstverständlich eine Verringerung der Zugfestigkeit bedeutet; im allgemeinen liegen sie parallelfaserig. Die teilweise Erhöhung der Festigkeitseigenschaften beruht zum größten Teil auf der verfestigenden Wirkung des Bindemittels, in diesem Falle des Tego-Leimfilms

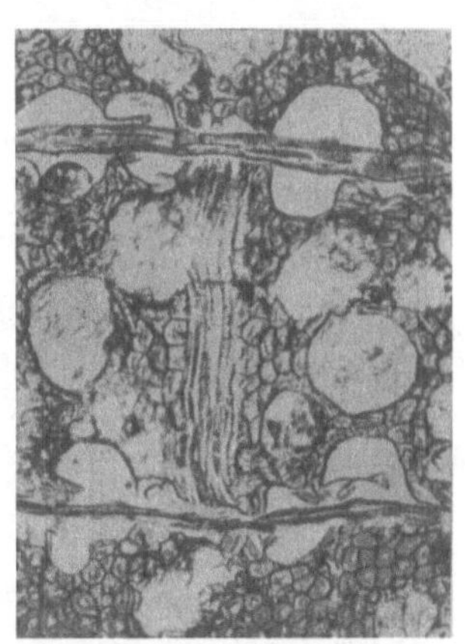

Abb. 67. Tegofilmverleimtes Buchenschichtholz (TVBu 40). V=160

(s. Abschn. 39), und nicht nur auf der Verfestigung infolge hoher Drücke. Tabelle 9 (S. 40) [8] gibt einen guten Überblick über die Eigenschaften lamellierter Hölzer.

35. Herstellung von Schichtholz. Zur industriellen Herstellung von Schichthölzern wäre zu sagen, daß hier dasselbe gilt wie für die übliche Sperrplattenherstellung (siehe 2. Teil). Schälen, Trocknen, Fügen und Schäften der Furniere

Tabelle 7. Eigenschaften von Schichtholz im Vergleich zu gewöhnlichem Buchenvollholz. (Nach O. KRAEMER.)

Bezeichnung	Raumgewicht g/cm³	Feuchtigkeitsgehalt %	Festigkeitseigenschaften			Wasseraufnahme in % nach 48 h Wasserlagerung
			Druck kg/cm²	Zug kg/cm²	Biegung kg/cm²	
Rotbuche .	0,60—0,77	7—10	500— 720	501—1470	850—1400	62
TVBu 5[1] . .	0,65—0,75		700— 812	800—1350	1200—1430	—
TBBu 12 . .	0,70—0,8		750— 917	1000—1686	1350—1615	46
TVBu 20 . .	0,75—0,85		800— 995	1300—1869	1400—1800	32
TVBu 20/10[2]	0,75—0,85	4—7	780— 910	1200—1535	1350—1586	—
TVBu 28 . .	0,8 —0,9		850—1000	1350—1768	1450—1900	24
TVBu 40 . .	0,85—0,95		900—1100	1400—1745	1500—2000	18

[1] TVBu 5 **T**egofilm **V**erleimte **Buche** mit 5 Furnieren je cm Dicke.
[2] Jede zehnte Reihe quer zur Hauptfaserrichtung.

vollzieht sich, wie auch das Verleimen, auf dampfbeheizten hydraulischen Pressen (Stahlplattenpressen), in vollkommen gleicher Weise. Die Pressen sind lediglich wegen der Eigenart des Preßgutes anders gebaut.

Bei den Schichthölzern ist zwischen unverdichteten und verdichteten (z. B. Lignofol) Hölzern insofern ein Unterschied zu machen, als die ersten meist unter

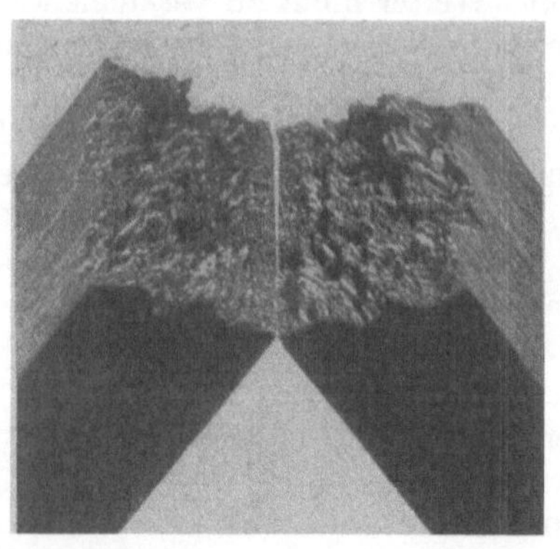

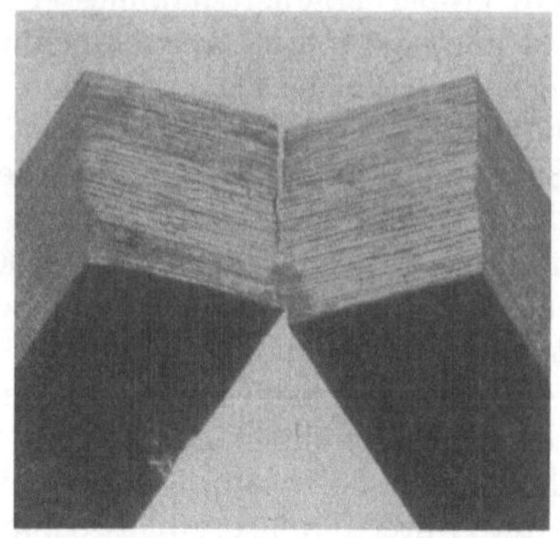

Abb. 68. Schlag senkrecht zur Faserrichtung.   Abb. 69. Schlag in Faserrichtung.

Abb. 68 und 69. Bruchgefüge von Schlagbiegeversuchen an Schichtholz (Buche 45 fach). (Aufn. d. DVL.)

gleichem Druck wie Sperrholz (also Birke und Buche mit etwa 25 kg/cm²) verleimt werden, während die verdichteten Hölzer Preßdrücken bis zu 200 kg/cm² unterworfen werden. Hierdurch erreicht man eine Verdichtung und damit Steigerung der mechanischen Festigkeitswerte.

36. Die Eigenschaften von Schichtholz wurden schon in den Angaben über den Entwicklungsgang dieses Werkstoffes angedeutet. Ihren zahlenmäßigen Ausdruck finden sie in den Tabellen 7 u. 8. Darüber

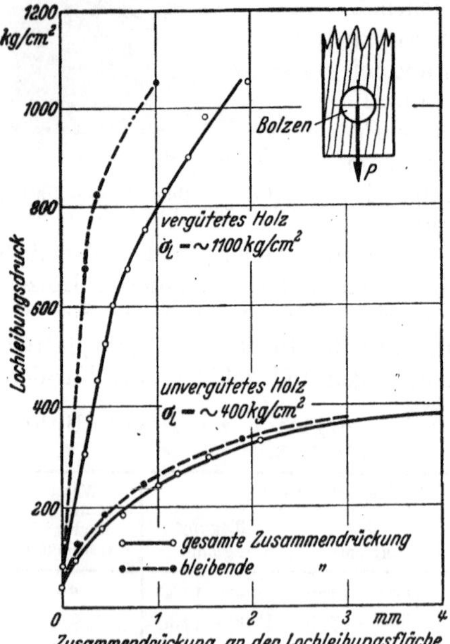

Abb. 70. Lochleibungsversuche an Schichtholz und Vollholz. (Nach DVL.)

Abb. 71. Auf Lochleibung beanspruchte Bauteile aus Schichtholz. (Archiv d. Verf.)

hinaus sind noch die Bruchquerschnitte bei Schlagbiegeproben zu erwähnen, die im Vergleich zu Stammholz auffallend eben sind, wie es die Abb. 68 u. 69 erkennen lassen. Dies ist ein wesentlicher Vorteil für den Fahrzeugbau, da hierdurch die Splittergefahr bei Unfällen erheblich herabgesetzt wird. Weitere besondere Vorzüge des Schichtholzes sind seine dynamischen Festigkeitseigenschaften

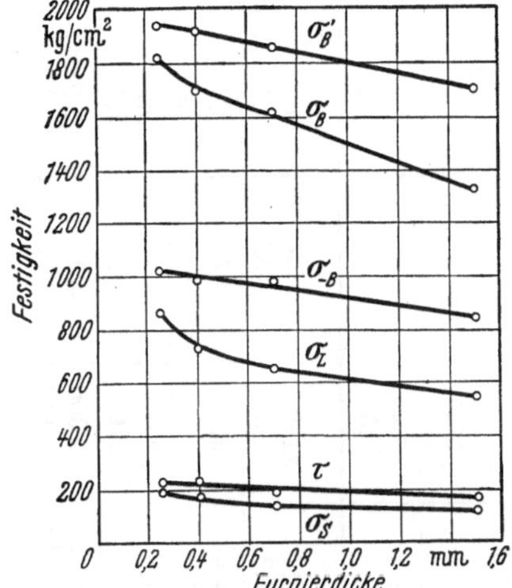

Abb. 72. Festigkeitseigenschaften von Buchenschichtholz in Abhängigkeit von der Furnierdicke

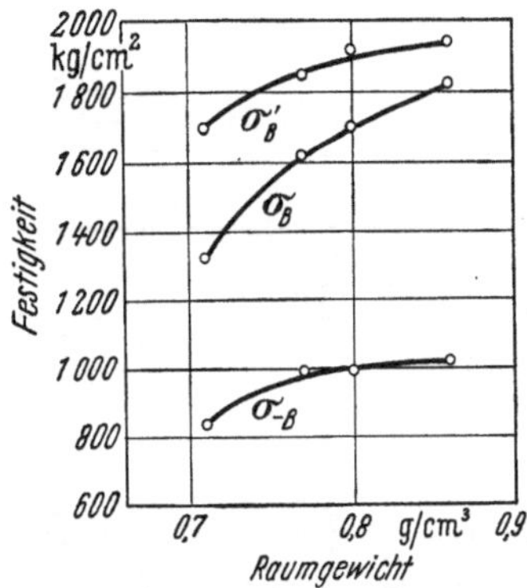

Abb. 73. Festigkeit von Buchenschichtholz in Abhängigkeit vom Raumgewicht.

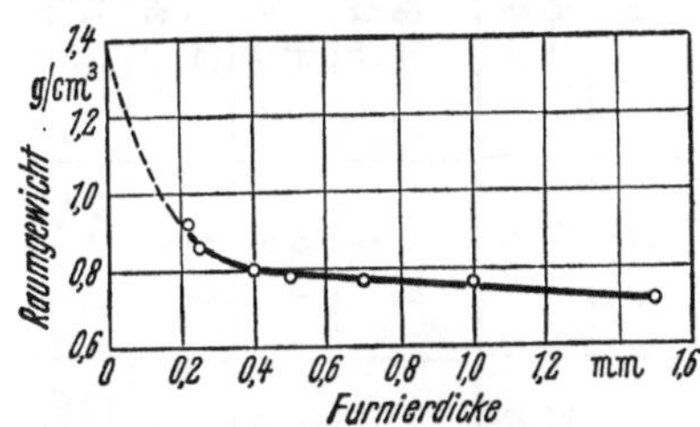

Abb. 74. Raumgewicht von Buchenschichtholz in Abhängigkeit von der Furnierdicke.

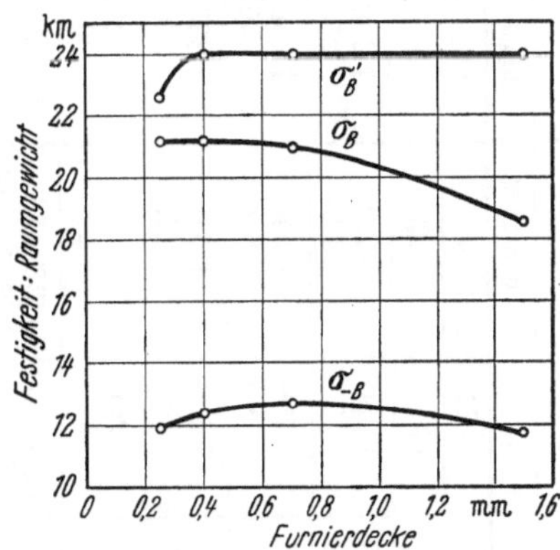

Abb. 75. Festigkeit von Buchenschichtholz bezogen auf das Raumgewicht in Abhängigkeit von der Furnierdicke.

Tabelle 8. Festigkeit von Voll-, Schicht- und Kunstharzschichtholz (Buche), verpreßt mit Phenol-Formaldehydharz.

		Vollholz	TVBu 40	Kunstharz-schichtholz Höchstwerte
Raumgewicht r	g/cm³	0,65	0,86	1,35
Zugfestigkeit σ_B	kg/cm²	1400	1820	3590
Druckfestigkeit σ_{-B}	kg/cm²	600	1020	2160
Biegefestigkeit σ'_B	kg/cm²	1300	1940	3540
Spez. Schlagbiegearbeit	cmkg/cm²	60—95	33—43	75—98
E-Modul	kg/cm²	150 000	187 000	311 000
$\sigma_B : 100 \cdot r$		21,6	21,2	26,6
$\sigma_{-B} : 100 \cdot r$		9,2	11,9	16,0
$\sigma'_B : 100 \cdot r$		20,0	22,6	26,2
$E : 100 \cdot r$		2300	2180	2300
Feuchtigkeitsaufnahme	% [1]	61,0	33,2	3,9—39,0
Dickenquellen	% [1]	8,5	7,4	6,0—21,2
Breitenquellen	% [1]	3,8	1,3	3,7— 5,5

[1] Nach 100stündiger Wasserlagerung.
Probenform: 28 × 40 × 10 mm (Feuchtigkeitsaufnahme); 10 × 10 × 10 mm (Quellen).

Tabelle 9. Eigenschaften von Schichtholz im Vergleich zu Vollholz[1].

Nr.	Eigenschaft		Birke			Buche			Esche	Nußbaum
			50fach[2]	voll	Zunahme %	45fach	voll	Zunahme %	Vollholz	Vollholz
1	Raumgewicht (g/cm³)		1,00	0,67	+49	0,94	0,65	+45	0,65	0,60
2	Feuchtigkeitsgehalt (%)		6,5	10,0	−35	6,0	9,0	−33,3	8,4	7,5
3	Zugfestigkeit (kg/cm²)	längs	1 280	1 380	−7,3	1 290	1 400	− 7,9	1 330	1 250
		quer	383	75	+410	215	100	+115	125	92
4	Druckfestigkeit (kg/cm²)	längs	1 150	700	+64	1 350	600	+125	600	680
		quer	540	90	+500	540	—	—	100	120
5	Biegefestigkeit (kg/cm²)	längs	2 200	1 400	+57	2 200	1 300	+69	1 250	1 400
		quer	550	100	+450	360	120	+200	190	157
6	Verdrehfestigkeit (kg/cm²)	längs	—	200	—	320	200	+60	260	300
		quer	—	—	—	200	110	+82	165	150
7	Spez. Schlagarbeit (kg/cm²)	längs	81—89	120—140	−(33—36)	33—67	60—95	−(11—188)	80—125	40—70
		quer	15	3—5	+(200—400)	1,7—4,9	3—4	−43 bis +63	3—4	1,5—2,5
8	Elastizitätsmodul (kg/cm²)	längs	215 000	160 000	+34	185 000	150 000	+23	150 000	140 000
		quer	48 000	5 800	+728	34 000	9 000	+278	16 000	12 000
9	Schubmodul (kg/cm²)	längs	—	8 000	—	15 000	9 200	+63	13 000	15 000
10	Feuchtigkeitsaufnahme nach 50 h Wasserlagerung (%)		8,0	43,3	−82	8,8	38,5	−77	21,1	16,7
11	Quellen nach 50 h Wasserlagerung (%)	Dicke	1,85	5,18	−64	1,05	5,8	−82	2,55	2,08
		Breite	0,18	6,5	−97	—	3,5	—	1,4	1,3
	Verhältnis:									
12	Zugfestigkeit: Raumgewicht	längs	12,8	20,5	−38	13,7	21,5	−36	20,5	20,8
		quer	3,8	1,1	+245	2,3	1,5	+53	1,9	1,5
	Druckfestigkeit: Raumgewicht	längs	11,5	10,5	+9,5	14,4	9,25	+56	9,5	11,3
		quer	5,4	1,3	+315	5,8	—	—	1,5	2,0
	Biegefestigkeit: Raumgewicht	längs	22,0	21,0	+4,8	23,5	20,0	+17,5	19,3	23,3
		quer	5,5	1,5	+267	3,8	3,1	+22,5	2,9	2,6
	E-Modul: Raumgewicht	längs	2 150	2 400	−10,4	1 970	2 300	−14,3	2 300	2 330
		quer	480	87	+452	360	140	+157	250	200

[1] Mittelwerte aus mehreren Versuchen. [2] Jede zehnte Lage quer angeordnet.

und sein günstiges Verhalten bei Lochleibungsbeanspruchungen, wie es die Abb. 70 u. 71 zeigen.

Zusammenfassend kann gesagt werden, daß durch Schaffung dieses „vergüteten Holzes" ein Werkstoff auf den Markt ge-

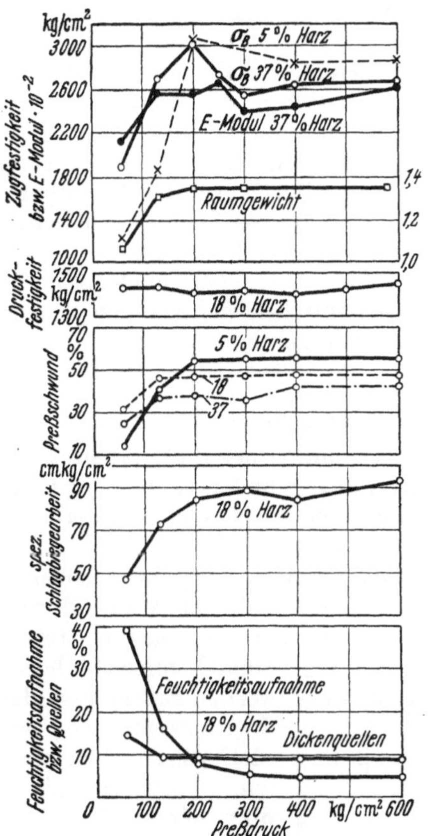

Abb. 76. Eigenschaften von Kunstharzschichtholz bei verschiedenem Preßdruck.

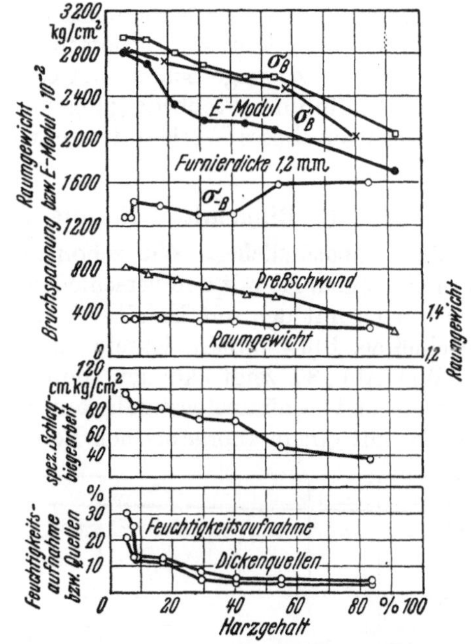

Abb. 77. Eigenschaften von Kunstharzschichtholz bei verschiedenem Harzgehalt.

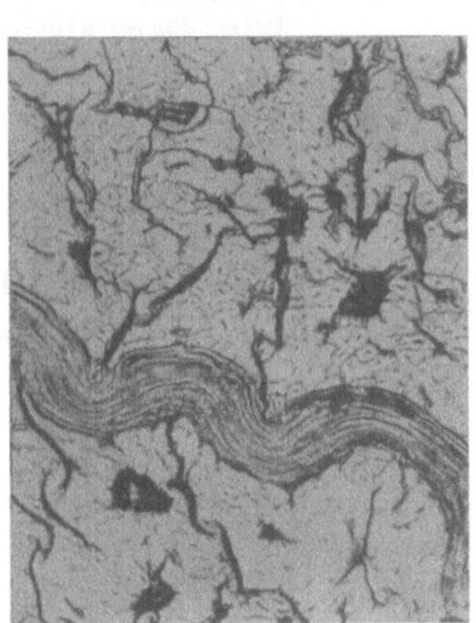

Abb. 78. Kunstharzschichtholz 8% Harz, mechanisch hochwertig, V=160.

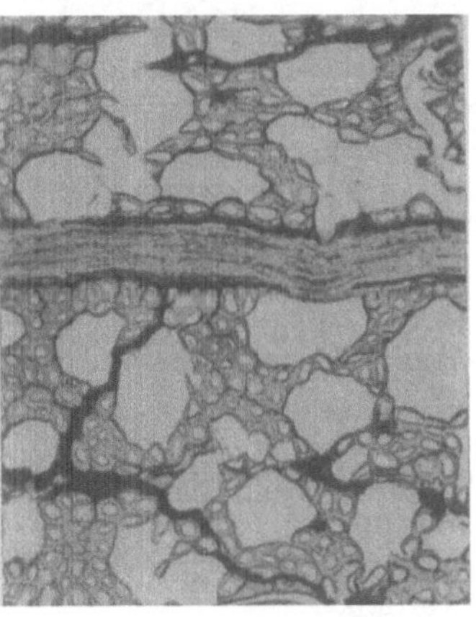

Abb. 79. Kunstharzschichtholz, 80% Harz, V=160.

bracht wird, der sich für die verschiedensten Anwendungsgebiete ausgezeichnet eignet, wie z. B.: Luft- und Landfahrzeugbau, Schiff- und Hochbau, Sportgeräte- und Modellbau usw. Außer bereits eingangs erwähnten Vorteilen spielen der an und für sich niedrige Preis und das Vorkommen als stets neu zuwachsender heimischer Baustoff eine wesentliche Rolle.

37. Kunstharzschichtholz (siehe auch unter Lignofol) stellt einen Werkstoff dar, dessen Furniere fast ausnahmslos aus Buche bestehen; die Furniere werden mit einer Kunstharzlösung getränkt und nach Verdampfung des Lösungsmittels mit dem Tränkgut als Bindemittel bei hohen Drücken und entsprechenden Temperaturen zu Platten oder Bohlen verpreßt. Da im allgemeinen das Kunstharzschichtholz einen höheren Harzgehalt als bei Verwendung von Leimfilm aufweisen muß, fällt dieser Werkstoff schon in die Gruppe der Kunstharzpreßstoffe.

Abschließend einige Schau- und Gefügebilder Abb. 76—79 (vgl. auch Abb. 67), die den Einfluß der Preßbedingungen auf die mechanischen und hygroskopischen Eigenschaften dieses Werkstoffes sehr deutlich wiedergeben.

B. Bindemittel für die Herstellung vergüteter Hölzer.

38. Grundsätzliches. Wie schon eingangs (Abschn. 7) erwähnt, arbeitet die Sperrholzindustrie mit den verschiedensten Bindemitteln, und zwar in erster Linie heute noch mit den seit Urzeiten bekannten organischen, als da sind Leder- und Fischleime, Blutalbumin, Kasein und Gemischen aus diesen.

Wie Abb. 80 zeigt, können diese organischen Leime infolge ihrer geringen Wasser- und Schimmelbeständigkeit für die meisten technischen Verwendungszwecke mit einem anorganischen Leim (Kunstharz) nicht in Wettbewerb treten.

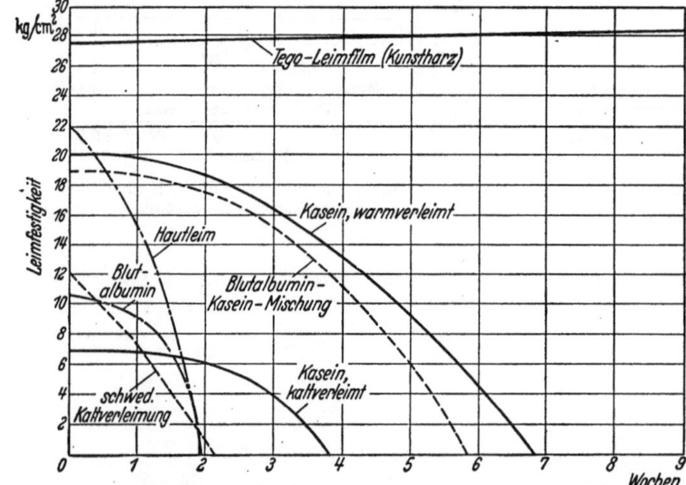

Abb. 80. Der zeitliche Einfluß von Schimmelpilzen auf Sperrhölzer bei Verwendung verschiedener Leime und die dadurch bewirkten Leimfestigkeitsänderungen. Vgl. Abschn. 23k, Abb. 38 bis 40. (Th. Goldschmidt A.-G., Essen.)

Somit kommen für hochwertige Erzeugnisse der Sperrholzindustrie, wie edelfurnierte Möbelplatten, Luftfahrzeugbau-Sperrhölzer und Schichthölzer nur Kunstharze als Bindemittel in Betracht.

Ganz abgesehen von einer geringen Beständigkeit gegen Schimmel- und Fäulniserreger sind die Bindefestigkeit (Tabelle 10) und die Widerstandsfähigkeit gegen Feuchtigkeitseinflüsse bei organischen Leimen unbefriedigend [11, 12].

Die wichtigsten Kunstharzleime — außer flüssigen Bakelitleimen — sind heute der Tego-Leimfilm[1] und der Kauritleim[2], mit denen wir uns im nachfolgenden kurz befassen wollen während die organischen Leime im 2. Teil eingehender behandelt werden.

Diese künstlichen Bindemittel ließen sich früher nur unter gleichzeitiger Einwirkung von Druck und Hitze verarbeiten, ihr Verwendungsgebiet war daher etwas beschränkt. Nachdem es jedoch der früheren I. G. Farbenindustrie gelungen ist,

---

[1] Th. Goldschmidt A.-G., Essen.
[2] Badische Anilin- u. Sodafabrik, Ludwigshafen/Rh.

ihren Kauritleim so weit zu entwickeln, daß er unter Zuhilfenahme eines sog. Kalthärters auch kalt verleimt werden kann, ist ein wesentlicher Schritt vorwärts getan.
Es sind nun die Vorteile einer wasserfesten Verleimung auch an größeren Bauteilen
ausnutzbar; im übrigen ist den Gegnern der Warmverleimung unter höheren Temperaturen nun auch ein kalt verarbeitbarer Leim in die Hand gegeben [18, 19].

Tabelle 10. **Bindefestigkeit von verschieden verleimtem Birkensperrholz** (Nach O. Kraemer.)
Geprüft nach den Bauvorschriften für Flugzeuge, Probenform wie in Abb. 37.

	Sperrholzdicke	Bindefestigkeit kg/cm² Mittelwerte		Verhältnis
	mm	trocken	naß 48 h	naß : trocken
Kasein	1,0—1,8	38	15	0,40
Kasein-Blutalbumin	2,0	36	19	0,53
Blutalbumin	1,7	42	33	0,78
Tegofilm	1,5	49	38	0,78
Kaurit	1,2	48	39	0,81
Tränkungsverleimung: Bakelit .	2,0	58	51	0,88

39. Der Tego-Leimfilm. Wie bereits der Name besagt, handelt es sich um einen
Klebstoff in Filmform, der in Rollen aufgewickelt angeliefert wird. Nach einem
besonderen Verfahren wird bei der Herstellung dieses Filmes ein Kunstharz (Kresol-
bzw. Phenolformaldehyd) Abb. 81 auf einem Papierträger von 0,07 mm Stärke aufgetragen. Durch Einwirkung einer Tempera-
tur von rd. 135° und des Preßdruckes findet
bei der Verleimung eine Kondensation des
Formaldehyd mit den Phenolen zu Bakelit
(C-Zustand) statt. Da der Tego-Leimfilm
einen durchschnittlichen Wassergehalt von
7,0 % besitzt und die zu verleimenden Hölzer
ebenfalls eine ganz bestimmte Feuchtigkeit
besitzen müssen, um eine einwandfreie Verleimung zu erreichen, so ist also offenbar
beim Leimprozeß für die Verflüssigung und
Umsetzung der reagierenden Massen doch
eine gewisse Wassermenge oder Wasserdampf
notwendig. Dies geht auch daraus hervor,

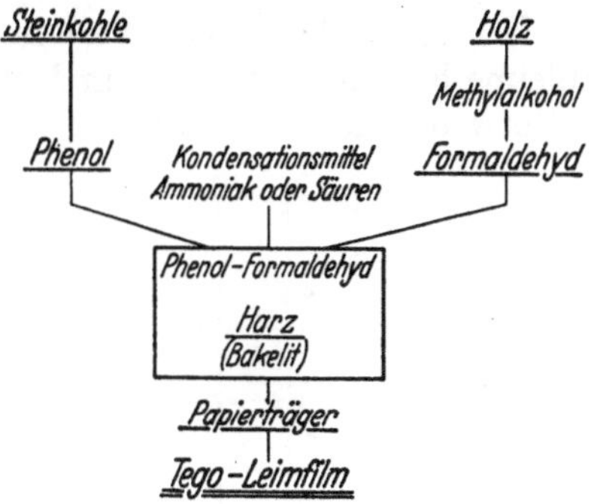

Abb. 81. Aufbau von Tego-Leimfilm.

daß die Herstellerfirma einen engumgrenzten Holzfeuchtebereich angibt (7 bis
12 %), in dem dann auch tatsächlich einwandfreie Verleimungen erreicht werden.

Werden die gegebenen Preßbedingungen nicht eingehalten, so ergeben sich
Fehlverleimungen. Eine Leimfuge, in der der Leimfilm als fettig glänzende Schicht
liegt, besagt, daß die Furniere vor der Verleimung zu stark heruntergetrocknet
wurden; das Kunstharz wurde wohl unter Einwirkung der Preßtemperatur in den
unlöslichen C-Zustand übergeführt, jedoch ist die Verbindung zwischen den Hölzern
unzureichend. Zeigt die Leimfuge hingegen eine faserige Papierschicht, so war der
Feuchtigkeitsgehalt der Hölzer zu hoch. Hierbei wässert der Überschuß an Holzfeuchtigkeit der Leimmasse vom Papierträger ab, diese versickert im Holz, und
die Verleimung ist ebenfalls unzureichend.

Das Neuartige dieses Leimfilmes liegt vor allem in der Tatsache, daß dieses
Klebemittel *gebrauchsfertig* in Form einer Filmbahn angeliefert wird und auch
in diesem trockenen Zustande zur Verarbeitung gelangt.

Durch die Filmform dieses Klebstoffes wird einerseits eine gleichmäßige Verteilung des Leimes erreicht, die andererseits aber auch zur Folge hat, daß große

Stärkenunterschiede im Holz nicht ausgeglichen werden können, wie das bei Naßleimen der Fall ist.

Die Vorteile dieser neuen Verleimungstechnik liegen vor allem in der *einfachen
und sauberen Verarbeitung*; denn die Leimfilme werden nur auf entsprechende
Größe zugeschnitten und dann zwischen die zu verleimenden Holzlagen gelegt.
Die sonst übliche Zubereitung des Leimes unter Beigabe von Wasser usw., wie sie bei Anwendung der organischen Naßleime stattfindet, das Auftragen des Klebstoffes mittels Leimauftragmaschinen und die damit verbundenen Arbeitsgänge werden überflüssig. Weiterhin ergibt sich der Vorteil, daß die zu verleimenden Furniere oder Holzlagen nicht so stark getrocknet zu werden brauchen, weil

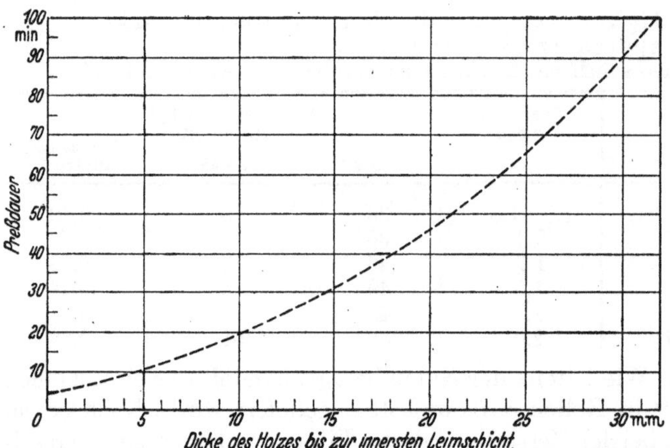

Abb. 82. Preßzeitkurve für vergütetes Holz in Abhängigkeit von der
Holzstärke (Furnierstärke 1 mm). (Th. Goldschmidt A.-G., Essen.)

ihnen bei der anschließenden Verleimung ja keine Feuchtigkeit mehr zugeführt wird.
Naßleime hingegen führen dem Holz Feuchtigkeit zu, und somit ergibt sich hier
die Notwendigkeit, vor der Verleimung die Holzfeuchte der Hölzer durch künstliches Trocknen stark herabzusetzen, um die Leimnässe in gewissem Sinne auszugleichen. Da dies aber nie im ganzen Umfange möglich ist, müssen die Platten im Anschluß an die Verleimung meist noch nachgetrocknet werden (hauptsächlich Mittellagen). Filmverleimte Platten hingegen erfordern nach dem Verleimen kein Nachtrocknen. Im Gegenteil, es ist sogar vorteil

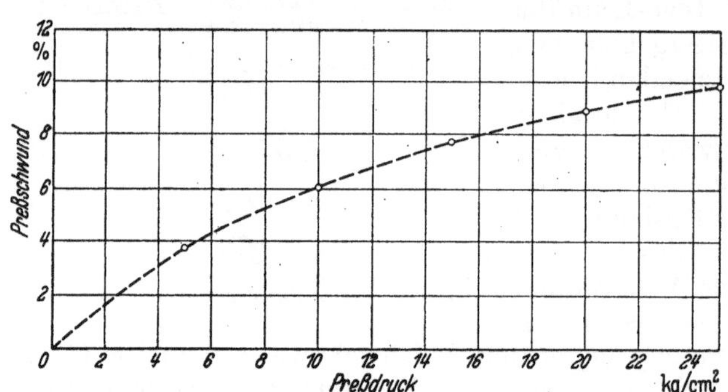

Abb. 83. Preßschwundkurve Buche: 8,5% Feuchtigkeit; 3×1,5 mm
Stärke; Preßdauer 7 min; Preßtemperatur 130° C. (Th. Goldschmidt
A.-G., Essen.)

haft, wenn man sie nach dem Preßvorgang mit Wasser besprüht, also dem Preßgut
wieder Feuchtigkeit zuführt. Diese Maßnahme ist besonders dann von Vorteil, wenn
die Platten geschliffen werden sollen, weil sich beim Anfeuchten die durch den
Preßvorgang niedergedrückten Holzfasern infolge der Feuchtigkeit wieder etwas
aufrichten und somit beim nachfolgenden Schleifen richtig erfaßt werden können.

In Anbetracht der Tatsache, daß Leimfilm dem Holz keine Feuchtigkeit zuführt, sind auch Vielfachverleimungen in *einem* Arbeitsgang möglich; dieser
Umstand spielt bei der Herstellung von Schichthölzern eine wesentliche Rolle.

Lieferbar ist dieser Leimfilm bis zu einer Höchstbreite von 2100 mm. Der rohe
Leimfilm ist vor Wärme und Feuchtigkeit zu schützen, jedoch bei sachgemäßer
Lagerung rd. 1 Jahr haltbar.

Im engen Zusammenhang mit dem Feuchtigkeitsgehalt des Holzes stehen selbstverständlich Preßzeiten (Abb. 82), Drücke und somit auch der Holzschwund (Abb. 83 u. 84). Erst durch entsprechendes Abgleichen aller dieser Komponenten ergeben sich einwandfreie Verleimungen. Die weiter unten wiedergegebenen Schaubilder geben einen Einblick. Für die Preßdrücke, die von der Holzart weitgehend abhängig sind, gibt Tabelle 11 Richtwerte an. Aus dieser Aufstellung geht hervor, daß weiche Hölzer einen geringeren Preßdruck als harte Holzsorten benötigen.

Tabelle 11. Richtwerte für Preßdrücke beim Leimen mit Tego-Leimfilm.

Holzart	Mindestdruck kg/cm²	Höchstdruck kg/cm²	Holzart	Mindestdruck kg/cm²	Höchstdruck kg/cm²
Gaboon (Okumé)	6	12	White-wood . .	6	12
Kiefer	6	12	Pappel	6	12
Fichte	6	10	Birke	20	25
Erle	6	12	Buche	15	25
Abachi	6	12			

Werden verschiedene Hölzer gleichzeitig, z. B. zu einer Tischlerplatte verpreßt, so wird mit dem Druck gerechnet, der für das weichste Holz der jeweiligen Platte zur Anwendung gelangen müßte.

Die für die Filmverleimung erforderliche *Preßtemperatur* von rd. 135° C hat erklärlicherweise eine oberflächtige Austrocknung der Furniere zur Folge. Des-

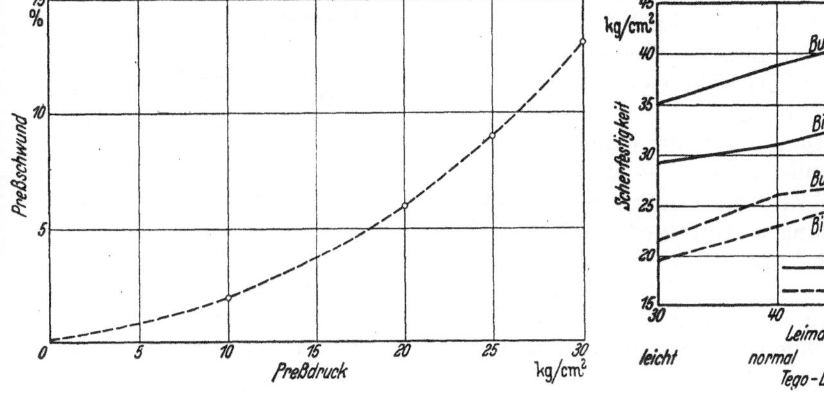

Abb. 84. Preßschwundkurve Lettische Birke: 9,5% Feuchtigkeit; 3 × 1,1 mm Stärke; Preßdauer 7 min; Preßtemperatur 130° C. (Th. Goldschmidt A.-G., Essen.)

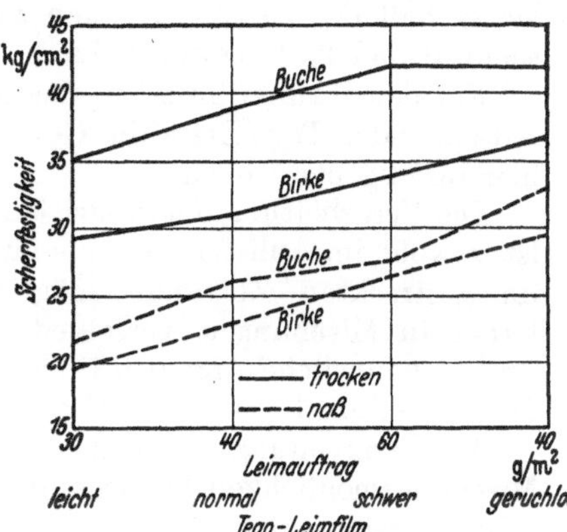

Abb. 85. Scherfestigkeiten einzelner Hölzer mit Tego-Leimfilmen verschiedener Art verleimt.

halb wird die bereits obenerwähnte Besprühung des warmen Preßgutes gleich nach Verlassen der Presse vorgenommen, so daß die Holzoberfläche einen gewissen Feuchtigkeitsausgleich erfährt. Die bereits erwähnte und durch die Presse hervorgerufene Oberflächenglättung, wie beim Bügeln von Wäsche, wird durch die Feuchtigkeitszufuhr aufgelockert, und die Holzfaser richtet sich wieder auf.

Die *Preßzeit* richtet sich nach der Stärke des Preßgutes. Sie errechnet sich nach einer für *Sperrholz* brauchbaren Faustformel aus einer Grundzeit von etwa 5 bis 6 Minuten, der für jeden Millimeter Furnierstärke 1 Minute zuzugeben ist. Irgendwelche Beilagen, die gern angewendet werden, sind hierbei gesondert zu berücksichtigen. Da in einer Stahlplattenpresse die Wärme ja von beiden Seiten auf die zu verleimenden Furniere einwirkt, so hat man zur Preßdauerbestimmung also nur die halbe Stärke des Preßstapels in Millimeter gleich der Preßzeit in

Minuten plus Grundzeit anzusetzen. Die Abbindewärme soll also nur bis zur innersten Leimfuge vordringen, nicht die Platte ganz durchdringen (siehe auch Abb. 82 für *vergütetes* Holz). In Tabelle 12 sind die obigen Angaben nochmals kurz zusammengestellt.

Tabelle 12. Verarbeitung von Tego-Leimfilm.

Holzfeuchtigkeit . . . . 7—12%
Preßdruck . . . . 6—30 kg/cm² (nach Holzart)
Preßschwund . . . . 5—12% (siehe Abb. 83 u. 84)
Preßdauer . . . . siehe Schaubild Abb. 82
Heizplattentemperatur . . . . . . rd. 135° C.

Die Dicke der Leimaufträge kann den Anforderungen und der Holzart entsprechend gewählt werden (Abb. 85).

40. Kauritleim und Kauritfilm enthalten als Hauptbestandteile Harnstoff und Formaldehyd. Auch diese Leime sind nach dem Abbinden wasser- und schimmelfest. Auf die Hölzer aufgetragen werden die flüssigen Leime ähnlich wie die Naßleime mit besonderen Leimauftragmaschinen, während der Kauritfilm wie Tego-Leimfilm verarbeitet wird.

Besondere Vorteile der flüssigen Kauritleime sind ihr geringer Wassergehalt von nur etwa 50 bis 80 g/m² (tierischer Leim etwa 250 g/m²), ihr sehr schnelles Abbinden und die Möglichkeit einer Kalt- oder Warmverleimung, ferner der nicht so engbegrenzte Feuchtigkeitsgehalt des Holzes, der sich zwischen 0 und 25 % bewegen kann.

Für den Kauritfilm trifft das bereits über den Tego-Leimfilm Gesagte hier im allgemeinen zu.

Die Verarbeitung der Kauritleime ist sowohl im Anlieferungs- als auch im gestreckten Zustande möglich, ferner in Mischungen verschiedener

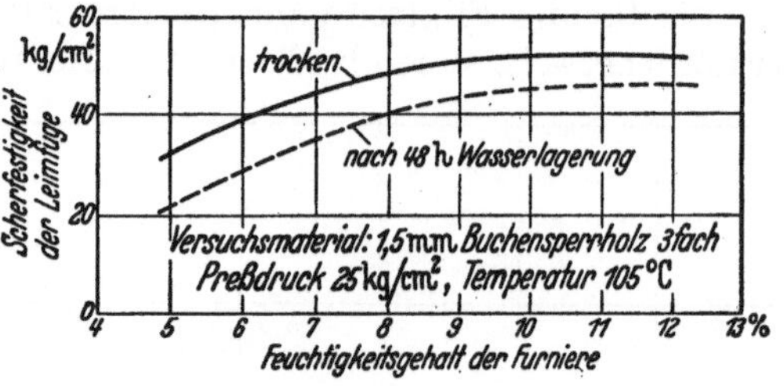

Abb. 86. Einfluß des Feuchtigkeitsgehaltes der Furniere auf die Bindefestigkeit von Kauritfilm. (Nach W. KÜCH.)

Art. Ausführliche Angaben findet man in den Druckschriften der Herstellfirma[1]. Deshalb sollen die einzelnen Verarbeitungsvorschriften hier nur angedeutet werden.

41. Verarbeitung von Kauritleim. a) Warmverleimt (siehe Tabelle 13). Mischungsmöglichkeit I: Mischung des Leimes mit Warmhärter, der 24 Stunden verarbeitungsfähig ist.

Tabelle 13. Verarbeitung von Kauritleim (warm).

Leimauftrag rd. 100 bis 120 gr/m².

Holzfeuchtigkeit . . . . 0 bis 25%
Preßdruck . . . . von 2 kg/cm² an aufwärts
Preßschwund . . . . je nach Druck (Abb. 83 u. 84)
Preßdauer . . . . ähnlich Leimfilm (Abb. 82)
Heizplattentemperatur . . . . 90 bis 100° C.

b) Kaltverleimt: Die bereits obenerwähnte Kaltverleimung (rd. 15 bis 30°) mittels Kauritleims erfolgt ebenfalls unter Anwendung eines Härters, hier Kalthärters, der jedoch nicht mit dem Leim gemischt, sondern auf die eine Seite der zu verleimenden Flächen gestrichen wird, während der Leim auf die zweite Seite als eigentliches Bindemittel aufgetragen wird. Es sei noch erwähnt, daß es verschiedene Arten von Kalthärtern gibt, die nach verschiedenen Vorschriften, je nach Preß- und Trockendauer, Anwendung finden.

---

[1] Badische Anilin- und Sodafabrik, Ludwigshafen/Rh.

42. Verarbeitung von Kauritfilm. Während die niedrigen Drücke und Temperaturen der gewöhnlichen Kauritleimverarbeitung die Preßtechnik erleichtern und daher die Verwendung dieses Bindemittels stark begünstigen, hat es im Heiß-leimverfahren bisher keine größere Verbreitung finden können. Die Gründe sind hier wohl darin zu suchen, daß bei höheren Temperaturen der Leimfilm sauberer und einfacher zu verarbeiten ist.

Es ist nun neuerdings gelungen, einen Kauritfilm zu schaffen, dessen Verarbeitung der des Tego-Leimfilmes gleicht. Das Gewicht beträgt 114 g/m² bei einer Stärke von 0,1 mm. Eine besondere Vorbehandlung der Furniere mit einem Härter ist nicht erforderlich.

Untersuchungen von W. Küch [16] ergaben, daß kauritverleimtes Buchensperrholz den Anforderungen des Flugzeugbaues genügt. Der Einfluß der Preßbedingungen auf die Bindefestigkeit des Kauritfilmes geht aus den Abb. 86 u. 87 hervor. Dieser Leimfilm zeigt im Gegensatz zum flüssigen Kaurit eine starke Abhängigkeit vom Preßdruck; um Höchstwerte zu erzielen, ist es erforderlich, den Preßdruck über 20 kg/cm² und die Preßtemperatur zwischen 100 und 110° zu halten.

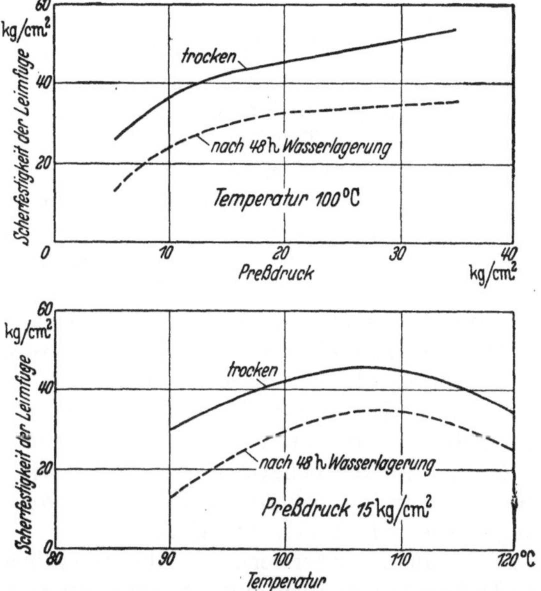

Abb. 87. Einfluß der Preßbedingungen auf die Bindefestigkeit von Kauritfilm. Versuchsmaterial: 1,5 mm Buchensperrholz, dreifach. (Nach W. Küch.)

43. Temperol-Imprenal-Verfahren. Das für dieses Verfahren benötigte Imprenal-Harz[1] wird in einer 40 bis 50%igen wässerigen Lösung hergestellt und auch in diesem Zustande angeliefert, um später je nach Furnierdicke in ein Verarbeitungsharz von 30 bis 45% verdünnt zu werden. Wir haben es in diesem Falle also mit einem flüssigen Kunstharz zu tun, daß sich in seinem Endzustand, dem sogenannten C-Zustand, seinen Festigkeits- und sonstigen Eigenschaften, wie auch im Preßvorgang ähnlich verhält wie der Tego-Leim-Film; dieses Kunstharz unterscheidet sich lediglich dadurch, daß man es nicht vorgetrocknet auf einem Papierträger angeliefert bekommt, sondern selbst auf die Furniere aufträgt und vortrocknet. Kurzum, leimtechnisch gesehen das gleiche wie bei Tego-Leim-Film, nur mit dem Unterschied, daß man sich den Verdünnungsgrad selbst ansetzt und keinen Papierträger benötigt.

Furnier-Beharzen: Aufgetragen wird dieses Harz auf die zu verarbeitenden Furniere nach bekannten Verfahren mittels Leimauftrag-Maschinen mit Gummi- oder Eisenwalzen, entweder in schälfeuchtem oder trockenem Zustande. Bei Verwendung von Gummiwalzen ist die glatte Walze vorzuziehen; sind geriffelte vorhanden, so darf die Riffelung jedoch einen halben Millimeter nicht überschreiten. Eisenwalzen verwendet man ebenfalls am vorteilhaftesten in glatter oder nur sehr schwach geriffelter Ausführung. Zweckmäßiger Furniervorschub beim Leimauftragen rd. 20 m/min.

---

[1] Dr. F. Raschig, G. m. b. H., Ludwigshafen/Rhein.

Das zum Beharzen erforderliche Kunstharz wird vor dem Verarbeiten nach einer von der Firma erhältlichen Verdünnungstabelle auf die jeweils notwendige Viscosität gebracht, d. h. mit Wasser verdünnt, um ein glattes und schnelles Durchlaufen der Furniere durch die Leimwalzen zu gewährleisten. Die Verdünnung hat mit warmem Wasser bei einer Harztemperatur von rd. 18 bis 20° C zu erfolgen, um ein Ausflocken des Harzgehaltes zu vermeiden.

Zur Kontrolle des Harzauftrages werden Furnierabschnitte vor und nach dem Beharzen gewogen, um den Rohharzgehalt feststellen zu können, auf Grund dessen man an Hand von Tabellen wiederum das Trockenharzgewicht ermitteln kann.

Es gibt mehrere Verfahren, die so vorbereiteten Furniere zu trocknen. Eine Möglichkeit besteht darin, daß man sie gleich in einem Bandtrockner oder Trockenkanal bei 80 bis 100° C trocknet. (Rollentrockner sind hierfür ungeeignet!)

Eine andere Methode sieht ein Stapeln der beharzten Furniere in Klimagestellen vor. Es ist in jedem Falle zu beachten, daß die Endfeuchtigkeit der beharzten Furniere zwischen 6 und 9% liegt.

Bei Vorhandensein von Klimakanälen wird zweckmäßig auf 5 bis 9 % getrocknet und anschließend auf 8 bis 9% Feuchtigkeit herauf klimatisiert.

Nur durch Einhaltung dieses Feuchtigkeitsbereiches ist — ähnlich wie bei Tego-Leim-Film — eine einwandfreie Verleimung gewährleistet.

Das Pressen der beharzten und vorgetrockneten (bzw. klimatisierten) Furniere erfolgt nun in der bekannten Weise. (Hydr. Heizpressen unter gleichen Bedingungen wie bei Tego-Leim-Film).

Die als Beilagen verwendeten Aluminiumbleche sind unbedingt vor dem Pressen mit Talkum einzureiben, um ein Ankleben zu verhindern. Fertiggepreßte Platten sollen nach dem Pressen nicht gewässert, sondern glatt gelagert werden.

III. Sonstige Möglichkeiten und Erzeugnisse der Holzveredelung.

44. Verdichten des Holzes. Die Vergütung des Stammholzes zum Schichtholz ergibt einen Werkstoff, der physikalisch oder chemisch nicht wesentlich verändert wurde. Vergleichen wir die Abb. 88 u. 89 miteinander, so erhellt, daß bei natürlichem Holz (Abb. 88) immer nur ein Bruchteil des ausgemessenen Querschnittes tatsächlich kräfteweiterleitend sein kann; weiterhin besteht infolge des Wachstums der Zellen keinerlei Gewähr dafür, daß stets alle Gefügeteilchen an der Kraftweiterleitung gleichmäßig beteiligt sind. Diese Umstände zeigen einen Weg, der eine weitere Vergütung, d. h. eine Steigerung des Holzgütegrades offen läßt. Es liegt nämlich nahe, die Hohlräume zu beseitigen, um den tragenden Querschnitt je Flächeneinheit zu erhöhen. Man kann das Holz naturgemäß durch Pressen, Walzen und auch durch Schlagen verdichten. Vielfach wird die erstgenannte Verdichtungsmöglichkeit angewendet, während die beiden letztgenannten Verfahren keine große Verbreitung finden konnten. Ein Pressen ist auf folgende Weise möglich:

1. Pressen parallel zur Faser, also Faserstauchung. Durch diese Maßnahme wird einerseits eine mehr oder weniger gewaltsame Zerstörung der röhrenförmigen

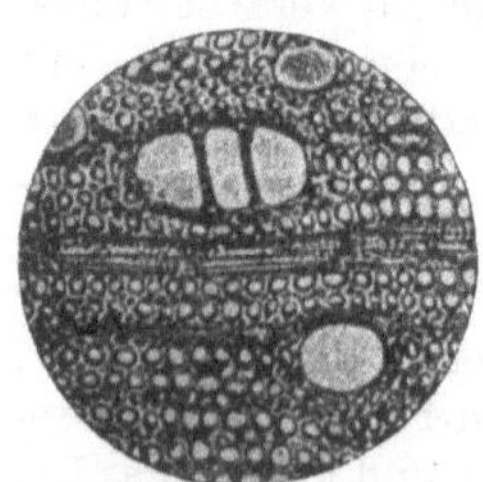

Abb. 88. 100fache Vergrößerung eines Holzquerschnittes.

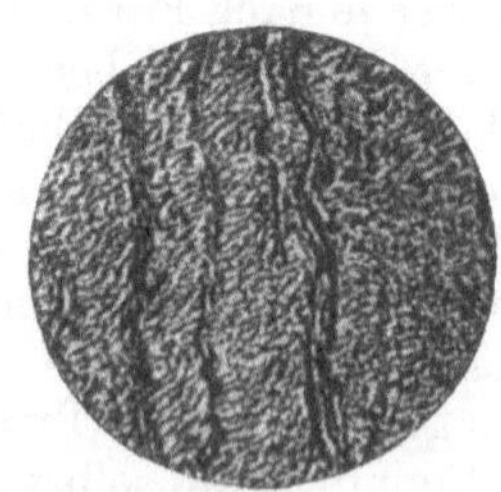

Abb. 89. 100fache Vergrößerung des verdichteten Werkstoffes.

Zellen, andererseits eine Auflockerung des inneren Zusammenhangs der Holzfasern erreicht, die zusammen eine teilweise sehr erwünschte leichte Verformbarkeit des Werkstoffes ergeben. Derartiges Holz kommt unter dem Namen „Patentbiegeholz" (siehe Abschn. 52) in den Handel.

2. Pressen in einer Richtung senkrecht zur Faserlage. Dieses Verfahren findet seit einiger Zeit mit großem Erfolge Anwendung bei der Herstellung von Zwischenplatten für Eisenbahnoberbauten [9].

3. Verdichten durch Einwirkung eines allseitigen Druckes. Diese Behandlung des Holzes ergibt eine Vereinigung der vorgenannten Möglichkeiten, jedoch kein wesentlich anderes Erzeugnis.

Allen diesen verdichteten Hölzern haftet leider der Nachteil an, daß sie in ungeschütztem Zustande mehr oder weniger in ihrer Verdichtung zurückgehen, sich demnach gegenüber den Schwankungen der Luftfeuchtigkeit ähnlich wie Stammholz verhalten. Diesem Nachteil versuchte man anfangs dadurch zu begegnen, daß man eine mit dem Verdichten gleichzeitig erfolgende Verklebung oder Verhornung der zusammengedrängten Zell- und Gefäßwände anstrebte. Es lag daher nahe, harzhaltige Hölzer zu verwenden und diese vor der Verdichtung einer Erwärmung zu unterziehen; hierbei wirkte sich jedoch die ungleichmäßige Verteilung des Harzes im Holzinnern ungünstig aus. Die Einführung von Harzlösungen oder ähnlichen Stoffen scheiterte an dem ungenügenden Eindringen dieser zähflüssigen Stoffe; auch brachte eine Steigerung der Erwärmungstemperatur und -dauer keine Erfolge, im Gegenteil, es trat eine Schädigung des Holzgefüges ein. Ebensowenig bewährten sich andere Verfahren.

45. Lignostone [1]. Die vorstehend geschilderten Grundgedanken und Versuche führten schließlich über eine frühere Herstellung im Autoklav [2] zum heute angewendeten und verhältnismäßig einfachen Herstellungsverfahren von Lignostone, das aus zwei aufeinanderfolgenden Pressungen mit einem Druck von rd. 300 bis 330 kg/cm² in dampfbeheizten hydraulischen Pressen besteht (im allgemeinen wird ohne vorhergegangene Imprägnierung gepreßt). Im ersten Preßgang werden die nebeneinander auf dem Preßtisch liegenden Kanteln senkrecht zur Faser verdichtet, wodurch eine Dickenabnahme von rd. 30% eintritt. Nach dieser Pressung werden die Kanteln um 90° gedreht und dann nochmals verdichtet; somit wird der quadratische Ausgangsquerschnitt wiederum erreicht, allerdings hat er jetzt infolge der Verdichtung etwa nur noch den halben Flächeninhalt. Die Länge der Kanteln bleibt unverändert, weil das Holz in Längsrichtung nicht gepreßt wird.

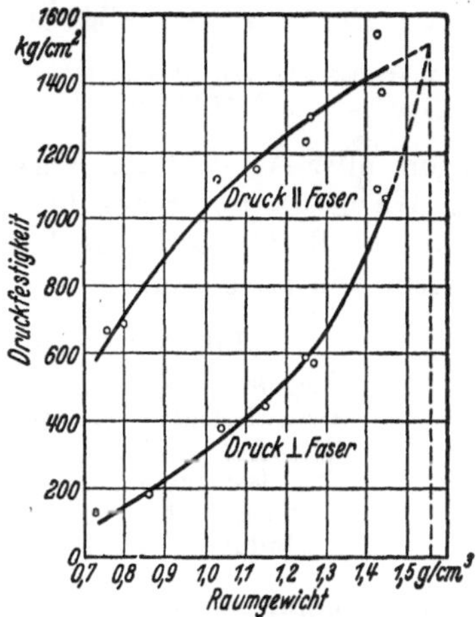

Abb. 90. Abhängigkeit der Druckfestigkeit parallel und senkrecht zur Faser vom Raumgewicht bei Lignostone. (Nach O. GRAF.)

Verwendet werden als Ausgangswerkstoff für dieses Verfahren meist sehr astreine Kanteln von geradem Faserverlauf aus Rotbuche, seltener aus Ulme oder Birke. Sie werden vor der Verdichtung in Vakuumtrocknern auf einen Wassergehalt von ungefähr 10% herabgetrocknet. Nadelhölzer eignen sich wegen ihrer nicht ver-

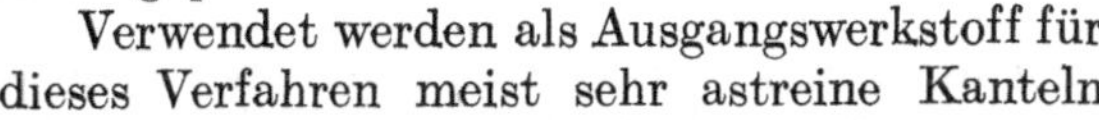

---

[1] Holzveredlung G. m. b. H., Haren (Ems).
[2] Gefäß zum Erhitzen unter Druck.

wischbaren Dichteunterschiede von Früh- und Spätholzzonen weniger; das End-
erzeugnis ist meist sehr spröde.

Es ist erklärlich, daß durch die vorerwähnte starke Verdichtung das Raumgewicht erheblich ansteigen muß. Die Druckfestigkeitssteigerung in Abhängigkeit
vom Raumgewicht zeigt z. B. die Abb. 90 sehr deutlich, während die Abb. 88 u. 89
unverdichtete und verdichtete Holzquerschnitte wiedergeben. Diese Vergröße-
rungen zeigen, daß das sonst allen Hölzern eigentümliche poröse Gefüge völlig
beseitigt und an seine Stelle eine dichte Masse getreten ist. Es wurden nicht nur
alle Poren geschlossen, sondern auch die
Zellwände verhakt und verklebt. Die
Abb. 91 zeigt bei 800facher Vergrößerung die gewaltige Veränderung durch
ziemlich weitgehende Homogenisierung,
sowie auch die erwähnten Verhakungen
noch deutlicher.

Die *Verwendung* von Lignostone ist
erklärlicherweise eine vielseitige und
erstreckt sich eigentlich auf den gesam-
ten allgemeinen Maschinenbau und die
Elektrotechnik. Als Anwendungsbeispiele
seien genannt: im Textilmaschinenbau
Webschützen, Schlaglatten, Zahnräder;
im Werkzeug- und Werkzeugmaschinen-
bau Treib- und Holzhämmer, Ziehwerkzeuge, Sägeblattführungen usw. Eine
Sonderausführung, die sich besonders als
Lagerwerkstoff eignet, findet im Walz-
werksbau bei Block-, Rohr-, Draht- und
Stabstraßen, Rollgangsrahmenlagern u.
dgl. wie auch für Feldbahnen und Klein-

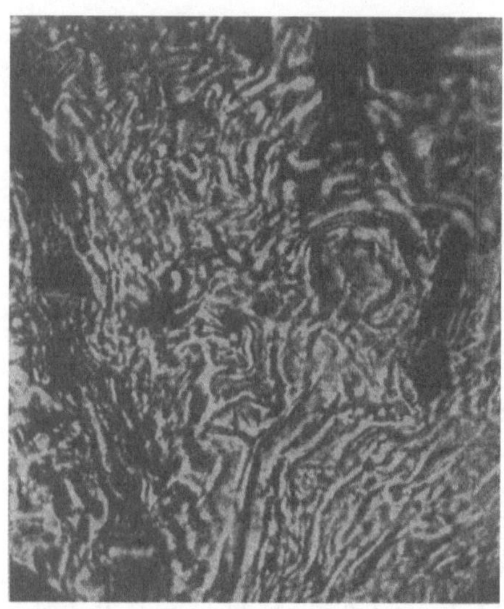

Abb. 91. 800fache Vergrößerung des verdichteten
Werkstoffes.

wagen aller Art vielfach Verwendung. Flächenpressungen von über 200 kg/cm²
und Wärmestauungen bis 140° sind hierbei zulässig.

In Tabelle 14 sind einige Angaben enthalten, die für Lignostone mit dem Raumgewicht von 1,4 gelten.

Tabelle 14. Festigkeitswerte von Lignostone.

Biegefestigkeit	2784 kg/cm²
Druckfestigkeit (parallel zur Faser)	1548 ,,
Scherfestigkeit	280 ,,
Spaltfestigkeit	30 ,,
Zugfestigkeit	3300 ,,
E-Modul	296 000 ,,

46. Lignofol[1]. Der den soeben behandelten Schichthölzern in Herstellung und
Eigenschaften am nächsten stehende Werkstoff ist das vergütete Holz „Hartholz
Lignofol".

Hartholz Lignofol ist ein aus Buchenfurnieren unter Verwendung eines Kunst-
harzes als Bindemittel aufgebauter geschichteter Werkstoff, dessen besonderer
Wert auf der völlig gleichmäßigen Verdichtung und der durch den Schichtaufbau
erzielten hohen Festigkeit beruht. Die Herstellung ist der von Schichthölzern
sehr ähnlich. Auch hier werden die Furniere mit einer Kunstharzschicht ver-

---

[1] „Venditor" Kunststoff-Verkaufsgesellschaft m. b. H., Troisdorf, Bez. Köln.

sehen und dann bei hohem Druck und hoher Temperatur so verpreßt, daß die einzelnen Lagen verdichtet und durch das Kunstharz vergütet und zugleich verleimt werden.

Auch hier können die Einzelfurniere verschiedenartig zueinander angeordnet werden, so daß sich verschiedene Güteklassen ergeben.

„Lignofol L" wird in der Weise hergestellt, daß die Faserrichtung aller Furniere gleich ist; somit wird diese Art meist dort Anwendung finden, wo besondere Festigkeitseigenschaften in nur einer Richtung gefordert werden (Walzen, Werkzeugstiele, Luftschrauben, Webschützen usw.).

„Lignofol L 90" ist, wie schon die „90" anzeigen soll, ein dem Sperrholz verwandter Werkstoff. Die Faserrichtung der Einzelfurniere ist hier abwechselnd um 90° zueinander versetzt. Durch diese Maßnahme werden bei entsprechender Anordnung bekanntlich gleich hohe Festigkeitswerte nach zwei Richtungen erzielt. Diese Gattung findet heute weitgehende Verwendung bei der Herstellung von Zieh- und Drückwerkzeugen (Abb. 92 u. 93), Gießereimodellen, Förderrollen usw. [28].

„Lignofol Z" ist eine Sonderausführung, die für die Herstellung geräuschlos laufender Zahnräder höchster Beanspruchung entwickelt wurde.

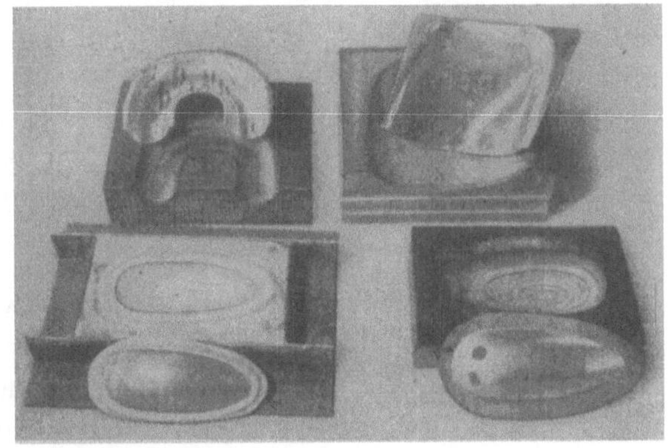

Abb. 92. Ziehwerkzeuge aus Lignofol. (JFM).

Diese drei erwähnten Sorten lassen sich sägen, hobeln, drehen, fräsen, bohren, meißeln, nieten, schleifen; man kann sie verleimen und mit Gewinde versehen. Lackier- und Polierarbeiten sind ebenfalls möglich, nur nageln läßt sich dieser Werkstoff wegen seiner hohen Verdichtung nicht.

In Tabelle 15 sind einige Angaben der Lieferfirma über die *Festigkeitseigenschaften* wiedergegeben.

Tabelle 15. Festigkeitseigenschaften von Lignofol.

	Lignofol L		Lignofol L 90		Lignofol Z
	senkrecht zur Schicht	parallel zur Schicht	senkrecht zur Schicht	parallel zur Schicht	
Spezifisches Gewicht	1,4		1,4		1,35
Zugfestigkeit . . . . . . kg/cm²	2 600	2 600	1 550	1 500	1100
Biegefestigkeit . . . . . kg/cm²	3 400	3 400	2 000	2 000	1700
Schlagbiegefestigkeit . . cmkg/cm²	85	85	45	25	—
Druckfestigkeit . . . . . kg/cm²	1 425	1 400	3 150	1 700	—
Kerbzähigkeit . . . . . cmkg/cm²	80	85	45	20	—
Spaltfestigkeit (VDE.) . . kg	—	330	—	340	—
Kugeldruckhärte (VDE.) . kg/cm²					
nach 10 s	1 560	1 560	1 600	1 600	—
nach 60 s	1 500	1 500	1 530	1 530	—
E-Modul . . . . kg/cm²	220 000	250 000	150 000	160 000	—
Zahnbiegelasten max. . . . kg/cm²	—	—	—	—	3960

Wie bei Hartholz allgemein, so müssen auch bei der *mechanischen Verarbeitung von Lignofol* Schnellstähle oder Hartmetallwerkzeuge Verwendung finden. Die Werkzeugschneide wird durch Preßluft gekühlt.

Sägen auf gewöhnlichen Band- oder Kreissägen, jedoch über 10 mm Stärke hinaus nur auf Bandsägen. Es wird empfohlen, bei einem Kreissägeblattdurchmesser von 30 cm mit 1000 Uml./min, also mit einer Schnittgeschwindigkeit von 16 m/s zu arbeiten. Bei Bandsägearbeit soll die Schnittgeschwindigkeit rd. 20 m/s betragen. Weiterhin wird angegeben: Zahnteilung 7 mm, Sägeblattbreite 25 mm,

Abb. 93. Kleinziehwerkzeuge aus Lignofol: Rohrkrümmer, Abzweigungen, Verkleidungskappen u. dgl. (JFM).

Sägeblattstärke 0,9 bis 1,0 mm. Die Zähne sollen gut geschränkt sein, und im übrigen wird es als zweckmäßig erachtet, an Bandsägen eine Rollenführung zu verwenden.

Bohren. Es werden vorteilhafterweise Bohrer mit langem Drall verwendet, um das Spänesteigen zu begünstigen und ein Fressen zu verhindern. Für Bohrungen über 30 mm Durchmesser werden Zapfenbohrer oder aber Ausdrehen erforderlich. Als günstige Umlaufszahlen werden angegeben:

bis 10 mm Durchmesser	800 bis 1000 Uml/min.	
10 bis 20 ,, ,,	600	,,
20 bis 30 ,, ,,	400	,,
über 30 ,, ,,	250	,,

Bohrerspitzenwinkel 116°. Hartmetallschneiden gestatten höhere Umlaufzahlen.

Drehen. Da Lignofol ein schlechter Wärmeleiter ist und somit bei zu raschem Drehen der Stahl erhitzt und die Schneide sehr schnell stumpf würde, sollen die Schnittgeschwindigkeit nicht über 200 m/min und die Vorschübe nicht über 0,5 bis 0,8 mm/Umdr. liegen.

Fräsen. Zu verwenden sind Fräsmaschinen jeder Bauart mit den in der Metallindustrie gebräuchlichen Fräsern. Auch hier ist Schnelldrehstahl der Vorzug zu geben. Beim Fräsen von Zahnrädern wird eine Gegenscheibe aus Hartholz, Fiber oder Metall beigelegt, um ein Ausbrechen der Rückseite zu verhindern. Vorschub 1 bis 3 mm/Umdr.

Hobeln. Um saubere und glatte Flächen zu erreichen, werden löffelartig geformte Schnelldrehstähle, kleiner Vorschub und eine Schnittgeschwindigkeit von 20 m/min empfohlen.

Verleimung erfolgt am zweckmäßigsten mit Kauritleim unter Anwendung von Kalthärter (siehe Abschn. 41).

47. Häufigkeitsuntersuchungen mit hochverdichtetem Holz. Zur Kennzeichnung der Ergebnisse, die bei der Prüfung von Lignofol erzielt worden sind, mögen die Abb. 94 bis 96 dienen. Über die Verwendung und Untersuchung dieses Werk-

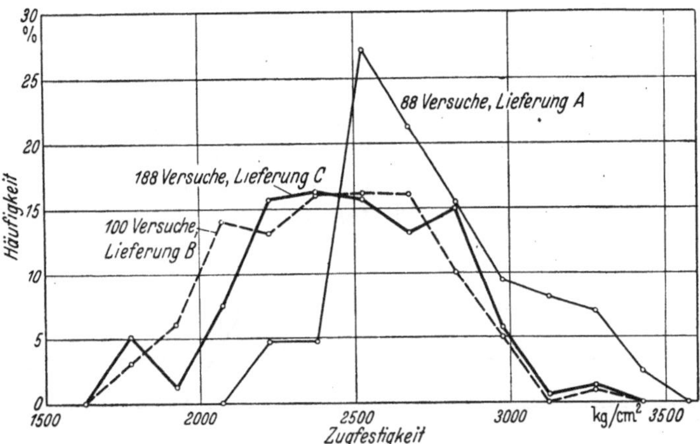

Abb. 94. Häufigkeitskurven für Zugversuche an Lignofol.

stoffes wird im Schrifttum [20], dem auch diese Abbildungen entnommen sind, ausführlich berichtet.

48. Bakelisiertes Holz. In Frankreich wird ein bakelisiertes Holz hergestellt[1], das unter dem Namen „Permali" in den Handel kommt. Dieses vergütete Holz stellt ein mit Kunstharz getränktes Massivholz dar. Als Ausgangsstoff dienen Rot- und Weißbuchenkanteln von weniger als 15% Feuchtigkeit; diese werden

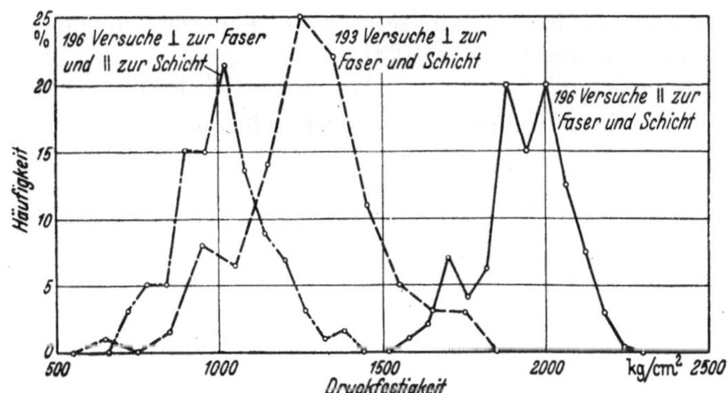

Abb. 95. Häufigkeitskurven für Druckversuche an Lignofol.

mit einer dünnflüssigen Bakelitlösung (A-Zustand) in Alkohol in Autoklaven bei 130° C und 7 bis 8 kg/cm² Druck getränkt; dabei polymerisiert das Kunstharz im Holzinnern zum festen C-Zustand. Nach dem Verdunsten der Lösungsmittel beträgt die Holzfeuchtigkeit dann nur noch rd. 4%. Anschließend werden die Hölzer meist noch lackiert.

Durch vorerwähnte Behandlung werden die Festigkeitseigenschaften um mehr als 100% verbessert, aber auch das Raumgewicht wird erklärlicherweise erhöht. Der Oberflächenwiderstand dieses Baustoffes ist sehr hoch und nahezu gleich-

---

[1] Hersteller: Société „Le Bois Bakélisé", Nancy-Maxéville.

bleibend, die Dielektrizitätskonstante ist etwa 2,7; Temperaturen bis zu 160° rufen im Werkstoff keine Veränderungen hervor.

Dieses vergütete Holz findet hauptsächlich in der Elektrotechnik Anwendung an Stelle von Hartgummi, wird aber auch im Apparate- und Textilmaschinenbau vielfach verwendet.

49. Panzerholz. Unter diesem Namen kommen gepanzerte Sperrhölzer auf den Markt, die durch wasserfestes Aufleimen dünner Bleche hergestellt werden. Der Blechbelag kann hierbei nur auf einer oder aber auf beiden Seiten erfolgen.

Besonders die beidseitig bewehrten Platten zeigen eine erhöhte Widerstandsfähigkeit gegen Feuchtigkeitseinflüsse, weil dem eindringenden Wasser ja nur noch der Weg über die Stirnflächen der Platten freibleibt. Naturgemäß werden durch

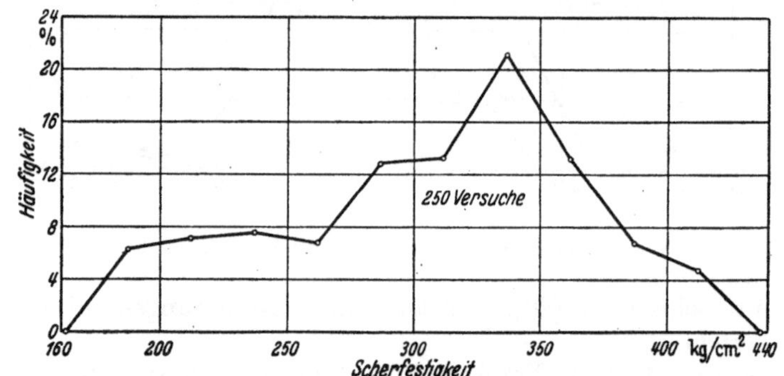

Abb. 96. Häufigkeitskurve für Scherversuche an Lignofol.

den Blechbelag auch die Biegefestigkeit [26] und die Widerstandsfähigkeit gegen Stoß, Schlag und Knickung [22] erhöht. Die Bearbeitbarkeit dieses Werkstoffes soll in ausreichendem Maße möglich sein; auch Untersuchungen bezüglich der Schweißbarkeit wurden durchgeführt [23].

Anwendungsgebiete sind Karosserie-, Waggon-, Schiffbau.

50. Xylotekt (bedecktes Holz) ist dem eben beschriebenen Panzerholz verwandt und unter diesem Namen im In- und Auslandshandel bekannt geworden. Dieser Baustoff stellt eine Verbindung der Werkstoffe Sperrholz und Asbestzement dar. Xylotekt ist in den Stärken von 6 bis 40 mm mit ein- oder zweiseitiger Asbestzementauflage in Platten von 123 × 247 cm lieferbar. Es vereint in sich viele Vorzüge, wie beispielsweise Beständigkeit gegen Wasser und Säuren; ferner ist es feuerhemmend, isolierend usw. Die Platten können mit geeigneten Werkzeugen tischlermäßig bearbeitet werden.

Tabelle 16. Biegeversuche mit Xylotekt.
Mittlere Abmessungen der Proben: Länge = 60 cm, Breite = 25 cm, Dicke = 1,4 cm, Stützenentfernung = 55 cm.

Versuch Nr.	Mittlere Durchbiegungen in cm bei den übergeschriebenen Belastungen in kg						Bruchlast in kg	Biegefestigkeit in kg/cm²
	50	100	150	200	250	300		
1	0,21	0,44	0,92	1,29	1,71	3,00	325	548
2	0,20	0,45	0,90	1,32	1,70	3,01	336	564
3	0,19	0,43	0,88	1,28	1,65	2,96	310	521
4	0,21	0,45	0,91	1,32	1,72	3,02	342	575
5	0,19	0,45	0,90	1,30	1,70	3,01	330	554
Mittel	0,20	0,45	0,90	1,30	1,70	3,00	329	552

Anwendung findet diese Platte im Hoch- (Wand-, Deckenbeläge, Türen), Tief-(Kabelschächte), Schiffs- (Auskleidung der Kajütsgänge, Kabinen; Baderäume, Trennwände usw.) und Waggonbau (Motorraumverkleidungen, Stirn- und Seitenwände der Wagen usw.), wie auch zu Hallentoren, bei Klimaanlagen, Abortanlagen u. dgl.

51. Versuchs- und Prüfergebnisse mit Xylotekt. a) Biegefestigkeit. Versuchsausführung: Die lufttrockenen Platten wurden an beiden Enden auf Rollen gelagert und in der Mitte durch eine die Plattenbreite beanspruchende Einzellast belastet. Die Belastung wurde, mit 50 kg beginnend, in Stufen zu je 50 kg bis zum Bruch der Platten gesteigert und die Durchbiegung der Platten gemessen. Die Versuchsergebnisse sind in Tabelle 16 zusammengestellt.

b) Chemikalienfestigkeit (Tabelle 17). Die Reagenzien wurden heiß aufgebracht und wirkten nach dem Abkühlen noch 48 Stunden ein.

Tabelle 17. Widerstand von Xylotekt gegen Chemikalien.

Angriffsmittel	Verhalten der Platte	Bemerkungen
Schwefelsäure konz.	unverändert	desgl. bei heißer Säure
Salzsäure . . . . Salpetersäure . . . . Königswasser	lösen unter Aufbrausen etwas Karbonat aus der Oberfläche der Schicht	
Chromschwefelsäure . . . . . Natronlauge . . . . Sodalösung. . . . . Salmiakgeist . . . . Schwefelammonium . . . . . . Benzol . . . . Alkohol . . . . Äther . . . . Chloroform	unverändert	
Organische Farbstoffe . . . . Anorganische Farbstoffe . . .	wird gefärbt	schwer zu entfernen
Ätznatron geschmolzen . . . . Soda . . . . Pottasche	als gelbglühende Schmelze aufgebracht, läßt sich nach Erstarren abbröckeln bzw. ablösen. Platte nur angerauht	
Borax . . . . Phosphorsalz . . . . Glas	als glühende Schmelze aufgebracht, liegt nach dem Erstarren lose auf der Platte, hinterläßt nur gefärbte Flecken	

c) Brandversuche mit lufttrockenen Xylotektplatten. Um das Verhalten von „Xylotekt" bei Einwirkung eines Brandfeuers festzustellen, wurden mit je drei Platten von rd. 60 cm Kantenlänge zwei Brandversuche in einem im Hofraum der Technischen Hochschule München aufgestellten offenen Feuerherd vorgenommen. Die Versuchsdauer betrug in beiden Fällen 50 Minuten.

Bei beiden Brandversuchen war je eine an den Schnittflächen allseitig umschlossene rd. 60 × 60 cm große „Xylotekt"-Platte eingelassen. Diese beiden Platten sind mit 1 bzw. 4 bezeichnet. An den bei Versuch I verwendeten Platten 2 und 3 waren die Schnittflächen mit einer abdichtenden, das Holz schützenden Paste versehen. Im Brandversuch II lagen die Platten 5 und 6 in einem Winkeleisenrahmen satt eingemörtelt frei über dem von den beiden Mauern gebildeten Feuerraum in geringem Abstand nebeneinander. Die zwischen beiden Platten vorhandene Fuge wurde mit einem Asbestzementkitt ausgestrichen und befand sich somit ebenfalls über dem Feuerraum zwischen beiden Mauern. Der Temperaturverlauf ist in Tabelle 18 zahlenmäßig zusammengestellt. Beobachtet wurde während der Versuche z. B. für Platte 1 folgendes:

Platte 1: Nach einem leichten brodelnden Geräusch in der Platte entsteht nach 9 Minuten in dem feuerseitigen Asbestzementbelag der erste Riß, in der 11. Minute zwei weitere. Von der 15. Minute ab ist nach dem Auftreten einiger kleiner Risse auf der Feuerseite keine fortschreitende Veränderung mehr festzustellen. Mit dem Erscheinen der Risse wölbt sich der innere Plattenbelag teilweise auf. Das Holz der Platte ist teilweise verkohlt. Die Luftseite der Platte ist vollkommen unversehrt und nur etwas gekrümmt.

Tabelle 18. Temperaturverlauf bei Brandversuchen mit Xylotekt.

Brenn-dauer in Min.	Temperaturen in °C					
	Versuch I			Versuch II		
	Platte 1		Platte 2 u. 3	Platte 4		Platte 5 u. 6
	Feuerseite	Luftseite	Feuerseite	Feuerseite	Luftseite	Feuerseite
3	330	30	350	125	25	170
6	440	30		230	30	
9	530	40	500	330	35	420
12	660	50		420	45	
15	660	60		475	80	
18	650	90	600	530	90	515
21	650	120		590	105	
24	630	160		610	120	
27	600	190	600	600	135	490
30	535	230		590	155	
33	520	230		590	160	
36	510	230	520	580	190	440
39	500	225		565	210	
42	500	210		550	215	
45	500	210	500	520	210	400
50	500	210	500	500	200	400

Die Rißbildung in den feuerseitigen Asbestzementschichten dürfte neben der reinen Feuerwirkung in erster Linie auf die Sprengwirkung der Dämpfe der Sperrholzklebemasse und auf die bei der Verkohlung des Holzes auftretenden Schwelgase zurückzuführen sein. Eine Flammenbildung konnte während der Brandversuche an keiner Platte beobachtet werden.

52. Biegeholz[1]. Das Herstellungsverfahren des bereits auf S. 49 erwähnten Patentbiegeholzes [21] besteht im wesentlichen aus einem Kochen oder Dämpfen im Unterdruck und anschließendem Stauchen des Holzes in Faserrichtung. Durch diese Behandlung des Stammholzes wird ein Biegeholz gewonnen, das auch in kaltem Zustande beliebig lange Zeit biegsam bleibt; es kann verhältnismäßig leicht — bei kleineren Querschnitten von Hand, bei größeren mittels Biegemaschinen — in beliebige Formen gebracht werden. Die Erhaltung der dem Werkstück verliehenen Form wird durch ein Erhitzen desselben auf 70 bis 80° erreicht.

Über die Verarbeitung dieses Patentbiegeholzes wurden in der Materialprüfungsanstalt der Technischen Hochschule Stuttgart vergleichende Biegeversuche mit Buchen-, Eichen- und Eschenhölzern und mit aus diesen Holzarten hergestellten Patentbiegehölzern durchgeführt [9].

Allgemein gilt für die Verformung dieses Baustoffes die Faustregel, daß der kleinste mögliche Biegehalbmesser so viele „cm" betragen soll, wie das zu verarbeitende Werkstück „mm" Dicke besitzt.

---

[1] Gesellschaft für Holzveredlung m. b. H., Essen.

Verwendung findet dieses Sondererzeugnis bei der Herstellung von Möbelteilen, von Gehäusen verschiedenster Art (Uhren-, Radiogehäuse), im Flugzeugbau (Randbögen an Flügeln und Leitwerken usw.), Boots- und Karosseriebau, wie auch für Steuerräder u. dgl.

53. Plastisches Holz. Unter diesem Namen wird ein pastenartiger Werkstoff auf den Markt gebracht, der eine Mischung von Holzmehl mit geeigneten Bindemitteln darstellt. Handelsmarken sind hier u. a. beispielsweise Lignoform und Lignozement.

Diese Paste wird wie Spachtel verarbeitet und erhärtet nach dem Auftragen innerhalb weniger Stunden. Sie ist dann unbedingt wasserfest und leicht bearbeitbar; im übrigen läßt sie sich beizen und polieren. An Klebkraft steht plastisches Holz besten Leimverbindungen nicht nach.

Plastisches oder flüssiges Holz wird hauptsächlich zu Ausbesserungsarbeiten aller Art und vielfach zur Schaffung guter Übergänge und Rundungen an Gießereimodellen verwendet.

IV. Schrifttumsverzeichnis[1].

1. KRAEMER, O.: Untersuchungen über den Einfluß von Aufbau und Faserverlauf auf die Zugfestigkeit, Biegung und Dehnung an Birkenfurnieren. Luftf.-Forsch. Bd. 3 Heft 3.
2. HERTEL, HEINR.: Die Schubmoduln von Furnier und Sperrholz. Luftf.-Forsch. Bd. 9 Nr. 4.
3. THIENHAUS, R.: Die Verwendung von Holz und holzhaltigen Platten für schalldämmende Bauweisen. Z. Holz Jg. 1 (1938) S. 490.
4. MICHEL, EUGEN: Akustische Eigenschaften von Holz und holzhaltigen Bauplatten. Z. Holz Jg. 1 Heft 9.
5. KRAEMER, O.: Aufbau und Verleimung von Flugzeugsperrholz. Luftf.-Forsch. Bd. 11 Nr. 2.
6. DOBBERKE, MAX und KARL SCHRAIVOGEL: Flugzeugsperrholz und seine Prüfung. Luftf.-Forsch. Bd. 3 Heft 3.
7. BITTNER, J.: Z. VDI Bd. 81 (1937) Nr. 49 S. 1421. — Z. Holz, Jg. 5 Heft 5 und Jg. 6 Heft 1.
8. BRENNER, P. u. O. KRAEMER: Holzvergütung durch Tränken und Aufteilen in dünne Einzellagen. Luftf.-Bd. 9 Nr. 4.
9. EGNER, K.: Neuere Erkenntnisse über die Vergütung der Holzeigenschaften. Mitt. Fachausschuß f. Holzfragen Heft 18.
10. BRENNER, P. u. O. KRAEMER: Holzvergütung durch Kunstharzverleimung. Mitt. Fachausschuß f. Holzfragen Heft 12.
11. MÖRATH, E.: Eigenschaften und Verwendung von Kunstharzleimen. Z. Holz, Jg. 1 Heft 1/2.
12. KRAEMER, O. Der Einfluß der Leimung auf die Güte von Flugzeugsperrholz. Luftf.-forsch. Bd. 8 Heft 2.
13. KOLLMANN, F.: Technologie des Holzes. Berlin Julius Springer.
14. KNIGHT u. VULPI: Furniere und Sperrholz. Berlin H. Krayn.
15. DVL-Jb. 1931 S. 469.
16. KÜCH, W.: Fortschritte auf dem Gebiet der Kunstharzleimverfahren. Luftwissen Bd. 5 Nr. 12 S. 427.
17. GRABER: Versuche über die Schubfestigkeit von Holz. Z. VDI Bd. 73 (1929) Nr. 26.
18. KLEMM, H.: Neue Leimuntersuchungen mit besonderer Berücksichtigung der Kaltkunstharzleime. München: Oldenbourg.
19. KLEMM, H.: Leimuntersuchungen, insbesondere über den Einfluß von Zusätzen zur Verbesserung von Kunstharzleimen. Dissertation, T. H., Stuttgart 1937. — Siehe auch Holz als Roh- und Werkstoff Bd. 1 (1938) Nr. 8 S. 297/298. Berlin: Julius Springer.
20. RIECHERS, K.: Über Verwendung und Prüfung von hochverdichtetem Holz. Z. Holz Jg. 2 S. 109.

---

[1] Im Text dieses Heftes wird auf das Schrifttum durch Angabe der betreffenden Nummer in eckiger Klammer hingewiesen, z. B. [7].

21. DRP. 318 197, 458 923, 488 765, 516 801. — Siehe auch L. Vorreiter: Gestauchtes, biegsames Holz. Holz-Zbl. 1936 Nr. 96 S. 753.
22. Wulff, F.: Panzerholz. Z. Maschinenbau — Der Betrieb Bd. 9 (1930) Heft 9 S. 238. — Ferner Rundschau techn. Arbeit 1930 Nr. 20.
23. Karpinski, F.: Schweißen von Panzerholz. Z. Maschinenbau — Der Betrieb Bd. 9 (1930) Heft 7 S. 239.
24. Gerngross, O.: Über Sperrholzleime. Luftf.-Forsch. Bd. 8 Heft 2.
25. Jaccard, P., u. A. Frey-Wyssling: Festigkeit und mikroskopisches Gefüge des Holzes. Schweiz. Verb. Materialprüf. d. Technik. Bericht Nr. 36. Auszug a. Z. VDI Bd. 83 (1939) Nr. 42 S. 1151.
26. Thum, A., VDI u. H. R. Jacobi: Die Biegefestigkeit von stahlbewehrtem Panzerholz. Z. Holz Jg. 1 (1938) S. 335.
27. Lenke, P., VDI: Oberfräsen mit hoher Drehzahl für die Holzbearbeitung. Z. Holz Jg. 1 (1938) S. 554.
28. Benz, H., VDI: Buchenschichtholz als Werkstoff für Werkzeuge zur spanlosen Verformung von dünnen Blechen. Z. Holz Jg. 1 (1938) S. 469.
29. Küch, W.: Untersuchungen an Holz, Sperrholz und Schichthölzern im Hinblick auf ihre Verwendung im Flugzeugbau. Sonderdruck aus Zeitschr. Holz, 2. Jg., 1939, Heft 7/8.

Furniere — Sperrholz — Schichtholz. Von **J. Bittner** und **L. Klotz.**
2. Teil: **Aus der Praxis der Furnier- und Sperrholz-Herstellung.** Von Ing. **Ludwig Klotz.**
(Werkstattbücher für Betriebsangestellte, Konstrukteure und Facharbeiter. Herausgegeben von Dr.-Ing. H. Haake, Hamburg. Heft 77.) Zweite, verbesserte Auflage. Mit etwa 86 Abbildungen und 1 Tabelle im Text. Etwa 64 Seiten. In Vorbereitung.

DM 3.60

Inhaltsübersicht: Herstellung der Messerfurniere. — Herstellung der Schälfurniere. — Herstellung der Tischlerplattenmittellagen. — Verleimung des Sperrholzes. — Endbearbeitung der Sperrplatten. — Werkzeuge zur Holzbearbeitung.

Maschinen und Werkzeuge für die spangebende Holzbearbeitung. Von Dipl.-Ing. **H. Wichmann,** Goslar. (Werkstattbücher für Betriebsangestellte, Konstrukteure und Facharbeiter. Herausgegeben von Dr.-Ing. H. Haake, Hamburg. Heft 78.) Zweite, verbesserte Auflage. Mit 128 Abbildungen im Text. 64 Seiten. 1951.   DM 3.60

Inhaltsübersicht: Sägen. — Hobeln. — Fräsen. — Bohren und Stemmen. — Sonstige spangebende Holzbearbeitung. — Elektrischer Einzelantrieb. — Auswuchten schnell umlaufender Maschinenteile. — Betriebsfragen.

Mahlke-Troschel, Handbuch der Holzkonservierung. Unter Mitwirkung von Oberreichsbahnrat i.R. Dipl.-Ing. Kurt Bach, Berlin; Dr. phil. habil. Günther Becker, Berlin; Professor Dr.-Ing. Theodor Kristen, Braunschweig; Dr. Rudolf Lehmann, Rheydt; Dr. Dr.-Ing. Friedrich Moll, Berlin; Professor Dr. Edgar Mörath, Washington; Dr. Fritz Peters, Berlin; Bergassessor Dr. Wilhelm de la Sauce, Essen; Dr.-Ing. Horst Seekamp, Berlin; Oberbaurat Dipl.-Ing. H. Wedekind, Hamburg. Herausgegeben von Professor Dr. **Johannes Liese,** Eberswalde. Dritte, neubearbeitete Auflage. Mit 244 Abbildungen. XII, 571 Seiten. 1950.   Ganzleinen DM 52.50

Holzschutzmittel. Prüfung und Forschung. III. Teil. Aus der Abteilung „Holzschutz" des Materialprüfungsamtes Berlin-Dahlem. (Wissenschaftliche Abhandlungen der Deutschen Materialprüfungsanstalten. II. Folge. 7. Heft.) Mit 62 Bildern im Text. IV, 132 Seiten DIN A 4. 1950.   DM 21.—

Der Holzbau. Von Dr.-Ing. habil. **Wilhelm Stoy,** VDI, Professor an der Technischen Hochschule Braunschweig. Fünfte, neubearbeitete und verbesserte Auflage. Mit 197 Textabbildungen. VIII, 203 Seiten. 1950.   DM 10.50; Ganzleinen DM 12.60

(Fortsetzung 4. Umschlagseite)